INTRODUÇÃO À ESTATÍSTICA PARA MONITORAMENTO AMBIENTAL

INTRODUÇÃO À ESTATÍSTICA PARA MONITORAMENTO AMBIENTAL

Maíra Oliveira Palm

inter saberes

Rua Clara Vendramin, 58 – Mossunguê
CEP 81200-170 – Curitiba – PR – Brasil
Fone: (41) 2106-4170
www.intersaberes.com
editora@intersaberes.com

Conselho editorial
Dr. Alexandre Coutinho Pagliarini
Dr.ª Elena Godoy
Dr. Neri dos Santos
M.ª Maria Lúcia Prado Sabatella

Editora-chefe
Lindsay Azambuja

Gerente editorial
Ariadne Nunes Wenger

Assistente editorial
Daniela Viroli Pereira Pinto

Preparação de originais
Ana Maria Ziccardi

Edição de texto
Arte e Texto
Camila Rosa

Capa
Luana Machado Amaro (*design*)
Madredus/Shutterstock(imagem)

Projeto gráfico
Sílvio Gabriel Spannenberg

Adaptação do projeto gráfico
Kátia Priscila Irokawa

Diagramação
Rafael Ramos Zanellato

Designer responsável
Luana Machado Amaro

Iconografia
Regina Claudia Cruz Prestes
Maria Elisa Sonda

Dados Internacionais de Catalogação na Publicação (CIP)
(Câmara Brasileira do Livro, SP, Brasil)

Palm, Maíra Oliveira
 Introdução à estatística para monitoramento ambiental / Maíra Oliveira Palm. Curitiba, PR: InterSaberes, 2024.

 Bibliografia.
 ISBN 978-85-227-0849-9

 1. Estatística – Estudo e ensino 2. Monitoramento ambiental
I. Título.

23-177920   CDD-519.507

Índices para catálogo sistemático:
1. Estatística: Estudo e ensino   519.507

 Eliane de Freitas Leite – Bibliotecária – CRB 8/8415

1ª edição, 2024.
Foi feito o depósito legal.

Informamos que é de inteira responsabilidade da autora a emissão de conceitos.

Sumário

Apresentação

Desde a década de 1970, discutimos a importância de o desenvolvimento tecnológico estar atrelado ao desenvolvimento sustentável, cujo objetivo é garantir que, além de qualidade de vida para as gerações atuais, exista também qualidade de vida para as gerações futuras. Para isso ser possível, é preciso garantir e preservar a base de sustentação de qualquer espécie viva, ou seja, o meio ambiente.

O surgimento do conceito de desenvolvimento sustentável provocou o aprofundamento da discussão sobre seu real significado e de como torná-lo possível e alcançável. Com isso, houve uma grande demanda de sistemas, ferramentas e estratégias para garantir e medir a sustentabilidade em diferentes níveis, como em esferas locais, regionais e mundiais. Diversos estudos ambientais foram estruturados, servindo, inclusive, como base para criar legislações e fiscalizações pelos órgãos ambientais. Com o aumento de exigências de padrões de qualidade do meio ambiente, diversos programas de monitoração ambiental foram criados nas empresas e nos governos.

Os estudos e programas de monitoramento ambiental geram grande quantidade de dados ambientais que, se confiáveis, são fundamentais para a tomada de decisão, como identificar pontos críticos de contaminações.

Nesse contexto, este livro objetiva auxiliar engenheiros ambientais na obtenção e no tratamento adequado de dados ambientais gerados em programas de monitoramento, baseando-se em conceitos fundamentais da estatística. Para isso, serão abordados princípios da estatística descritiva e da estatística indutiva, abrangendo a parte de organização e de descrição dos dados e a parte de análise e de interpretação destes.

A estatística descritiva aborda métodos para organização e descrição dos dados ambientais, preocupando-se, inclusive, com o processo de amostragem. A estatística indutiva (ou inferência estatística) envolve métodos de análise e de interpretação dos dados obtidos de uma amostra proveniente de uma população. Na etapa de inferência estatística, procuramos obter inferências sobre a população da qual uma ou mais amostras venham a ser extraídas.

No Capítulo 1, indicamos a importância e os objetivos do monitoramento ambiental e apresentamos as principais etapas que envolvem um programa desse tipo. Além disso, abordamos conceitos básicos de estatística relacionados a programas de monitoramento ambiental e os fatores que influenciam na qualidade dos dados obtidos. Abordamos também a problemática dos compostos orgânicos no meio ambiente e como fazer o monitoramento desses compostos e suas especificidades em diferentes meios, como água, solo e ar.

No Capítulo 2, de forma aprofundada, tratamos da elaboração de um plano de amostragem para monitoramento ambiental, das diferentes estratégias de amostragem de acordo com o objetivo do estudo, das características da amostra, do composto de interesse, entre outros pontos. Indicamos também como coletar uma amostragem espaço-temporal por meio de diferentes metodologias e estratégias.

No Capítulo 3, apresentamos algumas análises exploratórias para tratamento de dados ambientais que incluem tratamentos estatísticos básicos, como média e variância para as diferentes estratégias de amostragem. Tratamos também das representações gráficas e de algumas ferramentas computacionais que o engenheiro poderá utilizar para proceder à análise estatística de dados ambientais. Além disso, tratamos do efeito de dados discrepantes e dados censurados na confiabilidade dos resultados obtidos, de como evitar a geração desses dados e de como tratá-los no caso de existência.

No Capítulo 4, o tema são os diferentes tipos de distribuição de dados ambientais e suas características, com destaque para as distribuições normal, lognormal, de Poisson e t de Student. Além disso, tratamos sobre testes de hipóteses e distribuição dos dados.

No Capítulo 5, abordamos as diferentes técnicas para coleta e preparação das amostras. Primeiro, tratamos dos fatores que afetam a qualidade da amostragem e, em seguida, das diferentes técnicas para amostras em diferentes meios, como água, ar e solo. Além disso, apresentamos alguns ensaios que podem ser feitos em campo e quais considerações sobre eles no plano de amostragem.

No Capítulo 6, apresentamos conceitos referentes à avaliação de riscos ambientais baseados nas metodologias para identificação de riscos, avaliações de toxicidade, avaliação de exposição e caracterizações de riscos. Tratamos também dos biomarcadores como ferramentas na avaliação de riscos e das considerações que devem ser feitas para selecionar um biomarcador. Por fim, abordamos as especificidades na amostragem de biomarcadores para levantamento de dados ambientais e fazemos algumas considerações para identificar tendências nos dados ambientais e como analisar essas tendências.

Ressaltamos que esta obra apresenta uma visão geral para o monitoramento e o tratamento de dados ambientais, porém diferentes problemas ambientais, em diferentes meios, requerem especificidades em todas as etapas apontadas neste livro. Embora algumas delas sejam apresentadas no decorrer desta obra, ela é apenas uma direção inicial para o aprofundamento das questões enfrentadas em diferentes situações abordadas por engenheiros ambientais e diferentes profissionais que atuam na área de dados ambientais.

Bons estudos.

Empregamos nesta obra recursos que visam enriquecer seu aprendizado, facilitar a compreensão dos conteúdos e tornar a leitura mais dinâmica. Conheça a seguir cada uma dessas ferramentas e saiba como elas estão distribuídas no decorrer deste livro para bem aproveitá-las.

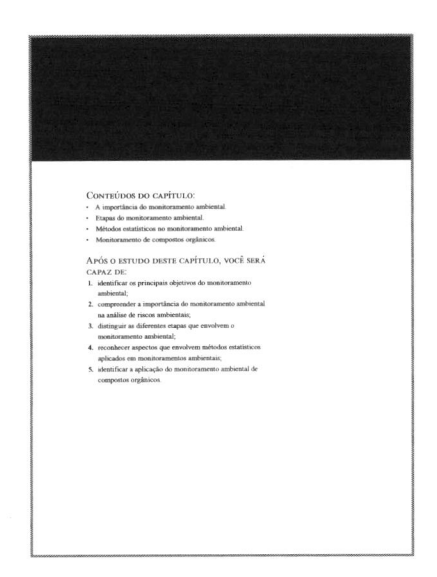

Conteúdos do capítulo:
Logo na abertura do capítulo, relacionamos os conteúdos que nele serão abordados.

Após o estudo deste capítulo, você será capaz de:
Antes de iniciarmos nossa abordagem, listamos as habilidades trabalhadas no capítulo e os conhecimentos que você assimilará no decorrer do texto.

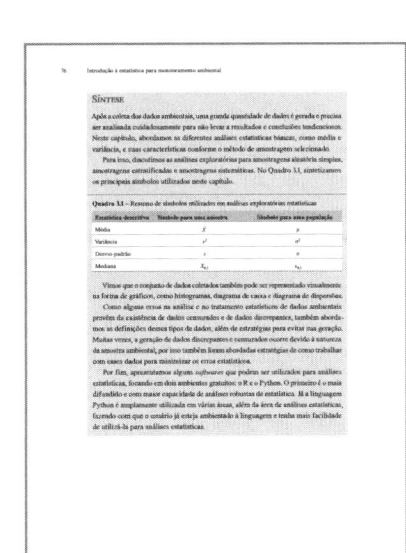

Síntese
Ao final de cada capítulo, relacionamos as principais informações nele abordadas a fim de que você avalie as conclusões a que chegou, confirmando-as ou redefinindo-as.

QUESTÕES PARA REVISÃO

Ao realizar estas atividades, você poderá rever os principais conceitos analisados. Ao final do livro, disponibilizamos as respostas às questões para a verificação de sua aprendizagem.

QUESTÃO PARA REFLEXÃO

Ao propor estas questões, pretendemos estimular sua reflexão crítica sobre temas que ampliam a discussão dos conteúdos tratados no capítulo, contemplando ideias e experiências que podem ser compartilhadas com seus pares.

PARA SABER MAIS

Sugerimos a leitura de diferentes conteúdos digitais e impressos para que você aprofunde sua aprendizagem e siga buscando conhecimento.

EXERCÍCIO RESOLVIDO

Nesta seção, você acompanhará passo a passo a resolução de alguns problemas complexos que envolvem os assuntos trabalhados no capítulo.

O QUE É

Nesta seção, destacamos definições e conceitos elementares para a compreensão dos tópicos do capítulo.

EXEMPLIFICANDO

Disponibilizamos, nesta seção, exemplos para ilustrar conceitos e operações descritos ao longo do capítulo a fim de demonstrar como as noções de análise podem ser aplicadas.

Estudo de caso

Nesta seção, relatamos situações reais ou fictícias que articulam a perspectiva teórica e o contexto prático da área de conhecimento ou do campo profissional em foco com o propósito de levá-lo a analisar tais problemáticas e a buscar soluções.

Bibliografia comentada

Nesta seção, comentamos algumas obras de referência para o estudo dos temas examinados ao longo do livro.

CONTEÚDOS DO CAPÍTULO:

- A importância do monitoramento ambiental.
- Etapas do monitoramento ambiental.
- Métodos estatísticos no monitoramento ambiental.
- Monitoramento de compostos orgânicos.

APÓS O ESTUDO DESTE CAPÍTULO, VOCÊ SERÁ CAPAZ DE:

1. identificar os principais objetivos do monitoramento ambiental;
2. compreender a importância do monitoramento ambiental na análise de riscos ambientais;
3. distinguir as diferentes etapas que envolvem o monitoramento ambiental;
4. reconhecer aspectos que envolvem métodos estatísticos aplicados em monitoramentos ambientais;
5. identificar a aplicação do monitoramento ambiental de compostos orgânicos.

1

Princípios de estatística em monitoramentos ambientais

1.1 Monitoramento ambiental: importância e objetivos

Além do desenvolvimento econômico e social, as atividades antrópicas resultaram em uma série de contaminantes no meio ambiente, como poluentes atmosféricos dos veículos automotores (carros, motos, caminhões e aviões), das indústrias (fábricas, usinas de energia, incineradores, atividade mineradora, entre outras), das queimadas controladas na agricultura e no gerenciamento de florestas, da decomposição dos resíduos orgânicos, que gera metano, e do descarte incorreto de efluentes em corpos de água e solo altamente contaminados com agrotóxicos e outros produtos químicos.

O monitoramento ambiental vem sendo estudado tanto para monitorar locais já alterados quanto para acompanhar tendências de áreas com alto risco de sofrer algum tipo de impacto ambiental. Além disso, com o monitoramento ambiental, é possível prever e entender o comportamento de determinados poluentes no ar, na água e no solo, e alterações nos ecossistemas, como o efeito de alterações climáticas, e determinar medidas mitigatórias para evitar algum impacto ambiental negativo.

O QUE É

Atividades antrópicas são atividades relacionadas à ação do homem em seu período de existência na Terra.

Poluição ambiental é qualquer forma de matéria ou energia introduzida no meio ambiente de tal forma que possa afetar negativamente o homem ou outros organismos (Sánchez, 2020).

Desde a década de 1980, Gilbert (1987) já evidenciava que, com o monitoramento ambiental, é possível acompanhar os níveis de diferentes parâmetros ambientais quanto a tendências e problemas potenciais.

Por meio desse tipo de monitoramento, é possível determinar a quantidade de poluentes no meio ambiente, identificar novos poluentes e reconhecer rapidamente agravantes de problemas ambientais (Bayliss; Walker, 1994).

Além disso, o monitoramento ambiental traz luz à compreensão de como os poluentes se distribuem no ar, na água, no solo e na biota, como interagem com o ambiente e quais seus efeitos sobre a saúde humana.

O monitoramento ambiental também serve de ferramenta para auxiliar na tomada de decisão de políticas públicas e de companhias privadas, pois permite o acompanhamento de metas e limites legais, evidenciando a necessidade ou não de mudanças no controle da poluição. O monitoramento ambiental fornece dados para auxiliar nessa tomada de decisão e até informações para a educação pública sobre questões ambientais (Bayliss; Walker, 1994).

EXEMPLIFICANDO

Com o monitoramento ambiental, é possível acompanhar a poluição atmosférica em grandes centros industriais e, assim, compreender se existem indústrias que não estão cumprindo os limites legais de lançamento de poluentes na atmosfera. Além disso, é possível compreender se os limites de lançamento de poluentes determinados nas legislações estão sendo suficientes para manter a qualidade da saúde humana e ambiental na região com altos índices de poluição atmosférica. O monitoramento ambiental também possibilita acompanhar os efeitos das ações antrópicas no meio ambiente e seus efeitos nas mudanças climáticas.

Ferro (2021) utilizou ferramentas e técnicas de monitoramento ambiental para acompanhar o desmatamento e as queimadas, em tempo quase real, de duas unidades de conservação do Estado de Rondônia, mostrando a relação entre os períodos de maior incidência de ondas de calor e a retirada de vegetação.

1.2 Monitoramento para identificação de riscos ambientais

Os dados obtidos no monitoramento ambiental podem ser utilizados de forma comparativa com valores preestabelecidos e normas, para acompanhamento ao longo do tempo (Rocha; Rosa; Cardoso, 2009). Além disso, os dados obtidos com o monitoramento podem ser utilizados para compor indicadores de risco ambiental, por exemplo, no caso de regiões com grande exposição a agrotóxicos (Spadotto et al., 2004).

Os seres humanos estão frequentemente expostos a uma variedade de poluentes que podem ser perigosos e, inclusive, tóxicos à saúde humana e ao meio ambiente. O risco ambiental não depende apenas das características dos poluentes, mas também da quantidade desses compostos perigosos no meio ambiente, dos males que provocam à saúde humana e da probabilidade de exposição a eles. Por exemplo, a exposição a poluentes como chumbo, cromo e amianto é de grande risco à saúde humana, mesmo que em pequenas quantidades. Longas exposições a poluentes menos perigosos, como hidrocarbonetos e óxidos de nitrogênio, também podem proporcionar sérios riscos à população.

A exposição a componentes perigosos pode ocorrer por meio do ar (poluição atmosférica), do consumo de água e de alimentos contaminados e do contato com algumas superfícies. Dependendo do tempo de exposição ao longo da vida, essas substâncias podem não apenas provocar doenças, mas também morte prematura (Calijuri; Cunha, 2019). O monitoramento ambiental torna-se, portanto, imprescindível para identificar e avaliar as exposições e riscos de determinados locais.

O QUE É

Perigo está relacionado às propriedades que uma determinada substância apresenta de provocar algum efeito adverso ao meio ambiente ou aos seres humanos.

Risco se refere ao perigo que uma determinada substância apresenta e a probabilidade de exposição a ela.

Desde 1989, a U. S. Environmental Protection Agency (EPA), a agência de proteção ambiental dos Estados Unidos, adota o monitoramento como procedimento formal para avaliar risco ambiental (EPA, 1989).

No Brasil, o Instituto Nacional de Pesquisas Espaciais (Inpe) faz o monitoramento do meio ambiente para obter dados no país e auxiliar na tomada de decisão ante os problemas ambientais. Por exemplo, desde 1988, o Inpe faz o inventário da perda de floresta de toda a extensão da Amazônia Legal. Para isso, conta com um programa de monitoramento composto por três sistemas operacionais: o Programa de Monitoramento da Floresta Amazônica Brasileira por Satélite (Prodes), o Sistema de Detecção de Desmatamento em Tempo Real (Deter) e o TerraClass, sistema de mapeamento do uso e ocupação da terra após o desmatamento (Inpe, 2019).

A partir da segunda metade do século XX, o desenvolvimento de métodos quantitativos de avaliação de riscos e a construção da estrutura conceitual da avaliação e do gerenciamento de riscos tiveram início com a criação das principais agências reguladoras dos países desenvolvidos, voltadas às atividades de gestão da qualidade ambiental e de saúde e segurança no trabalho.

A demanda de agências reguladoras surgiu devido à rápida degradação ambiental causada, principalmente, pela poluição industrial, pelo uso indiscriminado de agrotóxicos e pela disposição inadequada de resíduos perigosos (Calijuri; Cunha, 2019).

No monitoramento para análise de riscos ambientais, por meio dos dados coletados, analisamos toxicidade, exposição e características de riscos ambientais. Com a obtenção e a análise de dados de um determinado local, é possível identificar preliminarmente os riscos da exposição dos seres humanos a determinados compostos e, assim, desenvolver estratégias para reduzir e/ou evitar esses riscos.

Para isso, são analisadas a presença de possíveis contaminantes, a concentração de contaminantes nas principais fontes analisadas, como ar, solo ou água, e as características do meio ambiente que podem afetar o destino, o transporte e a persistência dos contaminantes naquele local (Davis; Masten, 2016).

Dependendo da abrangência na obtenção de dados, o monitoramento ambiental também fornece informações quanto às características do local de estudo, por exemplo, aspectos do solo, como a drenagem, ou movimentações do ar e dos corpos de água. Com essas informações, a análise do risco ambiental fica ainda mais completa, podendo determinar rotas e pontos de exposição mais importantes (Davis; Masten, 2016). Exemplo disso é a atuação do Inpe no monitoramento das queimadas na Amazônia já citadas anteriormente. Com seus programas, o instituto consegue acompanhar alterações das condições climáticas em todas as estações do ano, prevendo épocas de maior risco de queimadas para a região.

1.3 Etapas do monitoramento ambiental

Para executarmos um plano de monitoramento ambiental, é preciso planejar as principais atividades que envolvem o monitoramento para definir o escopo do trabalho (Gilbert, 1987; Spadotto et al., 2004). No Quadro 1.1, apresentamos alguns fatores que devem ser analisados previamente.

Quadro 1.1 – Fatores implicados no plano de monitoramento ambiental

Objetivo do monitoramento
Abrangência geográfica e temporal do monitoramento
Escala de trabalho
Limites do sistema analisado (por exemplo, leis e normas que devem ser atingidas)
Informações sobre o meio que será monitorado (histórico do local, padrões climáticos etc.)
Forma de coleta das amostras

O objetivo do monitoramento precisa ser claramente definido, pois, com base nele, serão definidas metodologia e/ou ferramentas que precisarão ser utilizadas, grade de amostragem, espaço-temporal de amostras etc. Definidos os objetivos do monitoramento, é preciso ter claros quais os compostos serão o foco das análises e, consequentemente, a abrangência geográfica e temporal das análises e a frequência da coleta de dados.

Por exemplo, se o objetivo é atingir uma determinada norma e/ou lei, devemos estudar a norma para compreender exigências de abrangência e periodicidade de coleta de amostras. Para isso, é fundamental estarmos sempre atualizados a respeito da legislação vigente.

A melhor forma de acompanhar essas atualizações é consultar diretamente no *site* das instituições responsáveis pela elaboração e/ou homologação de leis e normas ambientais, como a Organização Mundial da Saúde (OMS), Instituto Brasileiro de Meio Ambiente (Ibama), Conselho Nacional do Meio Ambiente (Conama), Agência Nacional de Vigilância Sanitária (Anvisa), Agência Nacional de Águas (ANA) e órgãos regionais como as Secretarias de Meio Ambiente (SMA) de cada estado.

Na fase de planejamento, também é importante um levantamento das propriedades e das condições do meio que será monitorado, para conhecermos as características naturais já existentes e até prévia estimativa de poluentes existentes (Spadotto et al., 2004).

Essas informações servirão como base de dados para comparar com os dados obtidos posteriormente. Além disso, o conhecimento do meio analisado será importante para definir o plano de amostragem. Por exemplo, é imprescindível conhecer padrões climáticos e direção do movimento das águas para definir onde e quando fazer as coletas de amostras de água em regiões que podem ter lançamento indevido de efluentes.

Após o planejamento do monitoramento ambiental e feita a coleta de dados, os dados estes devem ser analisados estatisticamente para que a máxima quantidade de informações seja extraída e haja confiabilidade nas informações reportadas ao monitoramento (Gilbert, 1987).

Nos próximos capítulos, as metodologias para determinar grades amostrais, espaço temporal, técnicas de coleta e preparação de amostras e análises estatísticas para tratamento dos dados ambientais levantados serão abordadas com mais detalhes.

1.4 Conceitos básicos de estatística aplicados em monitoramentos ambientais

Estatística é um conjunto de métodos para estudar fenômenos coletivos e as relações que existem entre eles (Martins; Donaire, 2012). No monitoramento ambiental, o uso de métodos estatísticos torna possível organizar, analisar e interpretar dados ambientais, contribuindo para uma tomada de decisão.

Mesmo que o objetivo desta obra seja trazer métodos estatísticos aplicados a estudos ambientais, alguns conceitos básicos de estatística serão destacados a seguir para possibilitar a compreensão de todos sobre os assuntos abordados neste livro.

O primeiro conceito fundamental de estatística é o de população. De modo geral, uma **população é um conjunto de elementos com, pelo menos, uma característica comum entre todos os elementos** (Costa Neto, 2006). Logo, elementos que não apresentam essa característica comum não pertencem à população em questão.

No caso do monitoramento ambiental, a população será o conjunto que compõe um determinado ambiente analisado. Por exemplo, para o monitoramento ambiental de um rio, entendemos como *população* todo o volume e a extensão que compõem o rio monitorado.

No entanto, é evidente que se torna difícil analisar todos os elementos que compõem todo o volume do rio para monitorá-lo. Então, devemos apresentar o segundo conceito fundamental de estatística: a amostra.

A amostra é constituída de **uma parte dos elementos que provêm de uma população e devem ser representativos do todo** (Martins; Donaire, 2012).

Sobre população e amostra, dois conceitos são importantes: parâmetro e estimador. *Parâmetro* é uma medida que descreve o comportamento de uma variável aleatória dentro de uma população (Silva et al., 2018; Morettin; Bussab, 2017). Segundo Morettin e Bussab (2017), *parâmetros* são funções de valores populacionais e *estatísticas* são funções de valores amostrais.

Por meio de estatísticas, é possível fazer estimativas com base nos valores coletados para uma amostra da população utilizando estimadores amostrais. Um estimador é uma quantidade resumo dependente dos valores da amostra aleatória do atributo, ou seja, da variável aleatória que queremos estudar na população. Em alguns casos, podemos ter mais de um estimador para um mesmo parâmetro. O julgamento do melhor estimador pode ser feito por meio da análise das propriedades desses estimadores (Morettin; Bussab, 2017).

O QUE É

Uma **variável aleatória** assume um único valor numérico para cada resultado de um experimento, e esse valor numérico é determinado pelo acaso (Triola, 2017).

As características a respeito de fenômenos analisados em uma amostra e/ou população são chamadas de *variáveis*.

As variáveis aleatórias podem ser classificadas quanto a uma qualidade ou a uma quantidade. Assim, as variáveis aleatórias qualitativas são aquelas que fornecem um atributo, dados de natureza não numérica, e podem ser classificadas como *ordinal* (segundo uma hierarquia na qualificação dos atributos, por exemplo, classe social) ou *nominal* (por exemplo, cores e gênero). Em algumas situações, os atributos de uma variável qualitativa podem assumir valores numéricos, podendo ser possível proceder à análise como se esta fosse quantitativa, desde que o procedimento seja passível de interpretação (Morettin; Bussab, 2017).

Já as variáveis aleatórias quantitativas são aquelas que fornecem valores numéricos que expressam uma contagem ou mensuração. Entre as variáveis quantitativas temos, ainda, a distinção entre variáveis discretas e variáveis contínuas. Variáveis quantitativas discretas se relacionam a dados formados por um conjunto finito ou enumerável de números, enquanto variáveis quantitativas contínuas estão relacionadas a um conjunto de valores que não é enumerável e surgem de infinitos valores possíveis (Morettin; Bussab, 2017; Triola, 2017).

EXEMPLIFICANDO

As diferentes espécies de árvores em uma determinada área são exemplos de **variáveis qualitativas nominais**. A classificação textural do solo (por exemplo, solo argiloso ou arenoso) é determinada conforme o tamanho de partículas que compõem o solo (Calijuri; Cunha, 2019) e são exemplos de **variáveis qualitativas ordinais**.

O número de peixes utilizados como bioindicadores em um tanque de controle é um exemplo de **variável quantitativa discreta**. A concentração de ozônio no ar é um exemplo de **variável quantitativa contínua**.

Na análise estatística de dados ambientais, é conveniente a sumarização dos dados por meio de métodos básicos, como média aritmética simples, mediana, percentis e representações gráficas. É preciso ter em mente que informações como média, mediana e moda são valores que dizem respeito à tendência central dos dados analisados, já a variância e o desvio-padrão geram informações com relação à variabilidade dos dados.

Segundo Silva et al. (2018), a média aritmética costuma ser a mais utilizada na estatística descritiva e é uma medida fundamental para análises posteriores, como na inferência estatística. O valor da média amostral, representado pelo símbolo $\bar{x}$, será um estimador para a média populacional, representado pelo símbolo μ, e poderá indicar a média aritmética simples, conforme será visto a seguir.

1.4.1 Média aritmética simples

A média aritmética simples, denotada por $\bar{x}$, é dada pelo total dos valores observados/amostrados de uma variável aleatória, que será indicado por $\sum x_i$, dividido pela quantidade de dados n, ou seja,

Equação 1.1

$$\bar{x} = \frac{\sum x_i}{n}$$

Destacamos que *média amostral* será subentendida como a média aritmética simples ao longo do texto deste livro.

Exercício resolvido 1.1

Desejamos analisar se as emissões de materiais particulados de uma indústria estão de acordo com o limite permitido pela legislação ambiental. Para isso, foram feitas dez coletas do ar em regiões próximas à indústria, em diferentes momentos do dia. Após a análise laboratorial das amostras coletadas, verificamos que as concentrações de material particulado, em partes por milhão (ppm), por amostra eram: 22, 70, 87, 90, 60, 73, 59, 38, 55 e 69.

Para conhecer a média aritmética simples dos valores amostrados da concentração de material particulado, seguimos os seguintes passos:

1. Primeiro, procedemos à somatória das concentrações das dez amostras:

$$\sum x_{10} = 22 + 70 + 87 + 90 + 60 + 73 + 59 + 38 + 55 + 69 = 623\, ppm$$

2. Em seguida, dividimos o valor da somatória obtido por 10, que é a quantidade de amostras:

$$\bar{x} = \frac{623}{10} = 62,3\, ppm$$

O resultado obtido é 62,3 ppm – que representa a concentração média amostral de material particulado no ar atmosférico próximo à empresa.

1.4.2 Moda e mediana

Os conceitos de moda e de mediana também geram informações sobre a tendência central dos dados. *Moda* será o valor que ocorre com maior frequência entre os dados analisados. Organizando os dados em valores crescentes, a *mediana* será o elemento que ocupa a posição central, no caso de uma quantidade ímpar de dados, ou a média dos dois valores do meio, no caso de uma quantidade par de dados.

EXEMPLIFICANDO

Para determinar a mediana dos dados do Exercício resolvido 1.1, devemos, primeiro, colocar os dados em ordem crescente: 22, 38, 55, 59, 60, 69, 70, 73, 87, 90.

Por se tratar de um número par de dados (10 elementos), a mediana será a média dos dois números centrais, ou seja, a média entre o 60 e o 69. Logo, a concentração de material particulado mediana será de 64,5 ppm.

1.4.3 Variabilidade e erros no monitoramento ambiental

Mesmo com a adoção de boas práticas em todas as etapas que envolvem o monitoramento ambiental, incertezas e variabilidade sempre estarão presentes em qualquer medição de um fenômeno físico e, na prática, nunca serão eliminadas completamente.

Segundo Montgomery e Runger (2021), podemos identificar uma variabilidade quando sucessivas observações de um fenômeno não produzem exatamente o mesmo resultado. A variabilidade pode ser resultado de interferências externas ou internas na amostragem. Além disso, ela pode ser intrínseca ao próprio fenômeno analisado.

Métodos estatísticos adequados podem contribuir para a compreensão da variabilidade de dados ambientais, propiciando explicações das variações existentes e da incerteza dos resultados. Por isso, a seguir abordaremos os conceitos de desvio, variância e desvio-padrão.

Para cada amostra de dados, é possível determinar a dispersão das observações em relação à sua média amostral (Becker, 2015). O valor do desvio em relação à média amostral, denotado por d_{x_i}, pode ser definido pela diferença entre o i-ésimo elemento da amostra e a média amostral, conforme a seguinte equação:

Equação 1.2

$$d_{x_i} = x_i - \bar{x}, \text{ para } i = 1, \ldots, n$$

A variância amostral, denotada por s_X^2, é definida pelo total quadrado dos seus desvios dividido por $n-1$, conforme a seguinte equação:

Equação 1.3

$$s_X^2 = \frac{\sum_{i=1}^{n}\left(x_i - \bar{X}\right)^2}{n-1}$$

Pela Equação 1.4, a seguir, observamos que a variância (amostral ou populacional) de uma variável será sempre positiva. A variância só será nula quando todas as medidas forem iguais à média dos dados e seus desvios forem todos nulos, ou seja, quando não houver variabilidade nos dados (Becker, 2015), o que, comumente, não ocorre, pois existem incertezas e aleatoriedade nos dados.

O desvio-padrão amostral, denotado por s_X, será a raiz quadrada da variância amostral, ou seja:

Equação 1.4

$$s_X = \sqrt{s_X^2} = \sqrt{\frac{\sum_{i=1}^{n}\left(x_i - \bar{X}\right)^2}{n-1}}$$

Tanto a variância amostral quanto o desvio-padrão amostral são medidas que indicam a dispersão dos dados em relação à média amostral. O resultado da variância, porém, será em unidade de medida quadrada e o resultado da dispersão com o desvio-padrão será acompanhado na mesma escala de medida da variável de interesse (Becker, 2015).

1.4.4 Propriedades dos estimadores pontuais

Vimos, até aqui, diferentes estimadores amostrais pontuais, que são classificados quanto à posição central, como média, moda e mediana, e quanto à dispersão dos dados, como o desvio-padrão e a variância. Existem, entretanto, algumas propriedades que são desejáveis em estimadores pontuais, para que seja possível garantir a assertividade e reduzir as chances de considerações equivocadas. Para isso, precisamos entender os conceitos de viés, precisão, exatidão.

O viés está relacionado à presença de uma tendência de superestimação ou subestimação de um determinado estimador em relação aos valores populacionais e são desvios aleatórios e imprevisíveis do valor real de uma população.

Já a precisão dos dados coletados refere-se à proximidade entre as medidas feitas e o valor médio de todas as observações, não significando que os dados estejam próximos do valor real. Exatidão, por sua vez, é a aproximação dos valores medidos com o valor real (Morettin; Bussab, 2017).

Consistência é quando a diferença entre o valor estimado e o valor verdadeiro tende a zero, conforme o número de observações tende ao infinito.

O QUE É

Valores verdadeiros referem-se aos valores dos parâmetros populacionais e que são, em geral, desconhecidos.

A Figura 1.1 ilustra as diferenças entre viés, precisão e exatidão. Cada ponto representado na Figura 1.1 significa uma estimativa apurada com base em um estimador de uma amostragem.

Em (a), temos uma estimativa com viés alto, baixa precisão e pouca exatidão; em (b), uma estimativa com baixo viés, baixa precisão e pouca exatidão; em (c), a estimativa tem alto viés, alta precisão e pouca exatidão; e em (d), tem baixo viés, alta precisão e muita exatidão.

Pela frequência dos resultados das estimativas, é possível observar o comportamento das propriedades dos estimadores, em que cada quadro reflete as características de um estimador diferente, com diferentes propriedades.

As imagens (a) e (c) da Figura 1.1 indicam um viés de medição, uma vez que a dispersão das medições está deslocada do centro em um mesmo sentido, no caso, na sua maioria, medidas abaixo do valor real. A imagem (b) representa dados com baixa precisão e pouca exatidão, com medidas distantes, de forma aleatória, do centro do alvo.

As imagens (c) e (d) apresentam precisão nas medidas apuradas, mostrando medidas com valores aproximados, porém apenas a (d) apresenta exatidão nas medidas apuradas.

Figura 1.1 – Esquema para representar a qualidade de estimadores amostrais

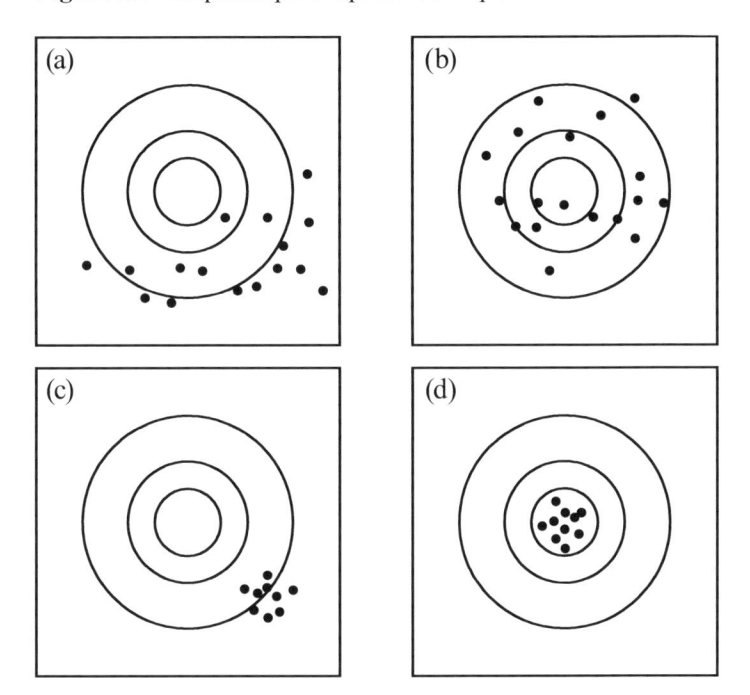

Fonte: Elaborado com base em Gilbert, 1987; Morettin; Bussab, 2017.

Com métodos da estatística descritiva, é possível observar como é a variabilidade dos dados em torno da média. Na verificação da presença de grande variabilidade, seja por valores altos de desvio-padrão, seja por representação gráfica, é necessário identificar quais fatores podem estar contribuindo para essa alta variabilidade dos dados e que representam fontes potenciais de variabilidade no sistema.

Além disso, os estimadores amostrais devem estar o mais próximo possível dos valores reais que representam os parâmetros populacionais. Muitas vezes, os cuidados técnicos do pesquisador no momento da coleta dos dados podem influenciar diretamente na qualidade dos dados no que se refere à precisão e à exatidão e reduzir a variabilidade do sistema.

Nos próximos capítulos, veremos como elaborar um planejamento de amostragem e técnicas para coletas de dados amostrais e como diminuir a incidência de erros e de fatores que aumentam a variabilidade dos dados.

1.5 Aplicações e metodologias de monitoramento de compostos orgânicos

Uma das principais aplicações do monitoramento ambiental é para controle de poluição provocada por compostos orgânicos. Diferentes produtos químicos orgânicos são sintetizados para utilização, como inseticidas, herbicidas, agrotóxicos. Muitos desses produtos concentram níveis elevados de toxicidade aos seres humanos e podem causar impactos ambientais negativos conforme sua exposição.

Chamados de *poluentes orgânicos persistentes* (POP), esses produtos químicos são moléculas estáveis e persistentes no ambiente por longos períodos de tempo. Eles podem se acumular no ambiente, ser carregados pelo vento e pela água e passar de uma espécie para outra por meio da cadeia alimentar. Além disso, depois que se acumulam, é difícil separá-los do solo e dos corpos de água contaminados, bem como recuperar esses ambientes. Diversos estudos têm indicado que esses poluentes orgânicos podem atuar como desreguladores hormonais, causar perturbações neurológicas e aumentar o risco de câncer (Girard, 2013).

Esses compostos também são uma ameaça à vida aquática, pois persistem no ambiente por longos períodos de tempo e sofrem bioacumulação nas cadeias alimentares. Por serem insolúveis em água e solúveis em gordura, eles se tornam concentrados nos tecidos adiposos dos peixes, das aves e dos seres humanos que consomem esses peixes (Girard, 2013). Sendo assim, os compostos orgânicos se tornam um grande problema quando são persistentes, bioacumulativos e tóxicos

Para saber mais

BRASIL. Ministério do Meio Ambiente. **Convenção de Estocolmo sobre Poluentes Orgânicos Persistentes**. Disponível em: <https://antigo.mma.gov.br/seguranca-quimica/convencao-de-estocolmo.html>. Acesso em: 3 out. 2023.

No *site* do Ministério do Meio Ambiente, é possível verificar a lista de POPs que devem ser eliminados, a lista de POPs com usos restritos e a lista de POPs que são produzidos não intencionalmente. Essas listas estão nos anexos da Convenção de Estocolmo, sobre a qual tratamos nos parágrafos seguintes.

Na água ou em algumas superfícies, alguns desses compostos POP evaporam e propagam-se por meio do ar atmosférico, podendo, portanto, retornar para superfícies por meio de precipitações da chuva e contaminar solos. Rastrear o transporte desses compostos orgânicos no meio ambiente é um tanto complexo, e o monitoramento ambiental pode ser uma ferramenta de auxílio. A escolha da metodologia para monitoramento ambiental vai depender do composto que se deseja monitorar e, principalmente, do meio que se deseja analisar: água, solo ou ar.

Em 2001, a Organização das Nações Unidas (ONU) promoveu a Convenção de Estocolmo, quando mais de 90 países assinaram um tratado comprometendo-se a reduzir ou eliminar a produção, a utilização e a liberação dos 12 principais poluentes orgânicos. Nove desses poluentes são utilizadas como inseticidas ou fungicidas, e apenas dois poluentes, as dioxinas e os furanos, são produzidos involuntariamente em processos de combustão.

1.5.1 Compostos orgânicos na água e no solo

A contaminação de corpos de água e do solo pode ocorrer por meio de fontes pontuais e não pontuais (Davis; Masten, 2016). As fontes pontuais são caracterizadas por pontos bem definidos de contaminação. Lançamento de redes de esgoto doméstico e industrial, derramamentos acidentais e atividades de mineração são exemplos de fontes pontuais de contaminação da água. As fontes não pontuais de contaminação ocorrem em razão de descargas e emissões parciais e dispersas, por exemplo, devido às práticas agrícolas e deposições atmosféricas (Rocha; Rosa; Cardoso, 2009).

Entender como a contaminação está ocorrendo, ou o risco de ela ocorrer, e sua fonte causadora é fundamental para planejar a melhor forma de fazer o monitoramento ambiental.

Dependendo da fonte poluidora, diferentes espécies podem ser lançadas nos corpos d'água e no solo e, em muitos casos, torna-se praticamente impossível a determinação de todos os poluentes que possam estar presentes na água e no solo. Para definir quais compostos monitorar, além de analisar a fonte poluidora, é preciso compreender qual será o uso da água e/ou do solo analisado, a fim de determinar o padrão de qualidade desejado. Por exemplo, a água utilizada para o abastecimento público, no Estado de São Paulo, deve atender aos novos parâmetros do Índice de Qualidade das Águas (IQA) definidos pela Companhia de Tecnologia de Saneamento Ambiental (Cetesb, 2021).

Uma das principais fontes pontuais de poluição da água com compostos orgânicos é por meio do lançamento de efluentes domésticos e industriais com alta carga orgânica (Rocha; Rosa; Cardoso, 2009). Uma grande quantidade de materiais orgânicos na água causa uma demanda de oxigênio devido às atividades biológicas ou bioquímicas para processar esses compostos orgânicos. Um dos parâmetros que precisam ser monitorados em águas com riscos de poluição com carga orgânica é o parâmetro de demanda química de oxigênio (DQO). Esse parâmetro é usado para estimar o teor de material orgânico em águas contaminadas. Na análise de DQO, um agente fortemente oxidante é misturado a uma amostra de água. A diferença entre as quantidades inicial e final do agente oxidante é utilizada para o cálculo da DQO (Davis; Masten, 2016; Rocha; Rosa; Cardoso, 2009).

A demanda bioquímica de oxigênio (DBO) também é um parâmetro importante para ser analisado em águas contaminadas com compostos orgânicos. Ela é definida como a quantidade de oxigênio necessária para oxidar a matéria orgânica degradada pela ação de microrganismos (Davis; Masten, 2016; Rocha; Rosa; Cardoso, 2009). Esse parâmetro fornece a informação da proporção dos compostos biodegradáveis presentes na água contaminada e indica a quantidade de oxigênio necessária para oxidar a matéria orgânica até CO_2 e H_2O. Uma grande demanda de oxigênio pode, no entanto, prejudicar a vida aquática da área afetada.

Exercício resolvido 1.2

Como o parâmetro de DBO pode ser utilizado para analisar os impactos de uma indústria?

Resolução

O parâmetro de DBO pode ser utilizado para analisar o impacto de uma indústria próxima a um rio ou a outro corpo d'água.

Sabendo que a média de oxigênio dissolvido para um rio limpo é de 6 mg/L, é possível medir a DBO e comparar com o padrão de um rio limpo.

Uma das principais fontes não pontuais de poluição das águas são as atividades de agricultura, como a lixiviação – processo em que produtos como pesticidas e agrotóxicos são transportados para corpos de água – e a irrigação e a drenagem do solo com compostos orgânicos. Como vimos anteriormente, esses compostos orgânicos costumam trazer sérios riscos ambientais e à saúde humana por serem persistentes, bioacumulativos e tóxicos.

Uma das técnicas para identificar esses compostos orgânicos em amostras é por meio do método de cromatografia gasosa (CG), que separa os componentes gasosos e detecta os diferentes compostos separados. Quando se trata de poluentes ambientais complexos e compostos por uma grande variedade de moléculas, utilizamos o CG acoplado a um equipamento de espectrometria de massas (EM), que é capaz de medir a massa de átomos e de moléculas e determinar os diferentes compostos que foram separados.

A técnica de cromatografia líquida de alta eficiência (Clae) também pode ser utilizada para determinar compostos orgânicos em água, sendo utilizada para os compostos que não são facilmente transformados em gases (Girard, 2013).

1.5.2 Compostos orgânicos no ar

A poluição atmosférica é uma questão de saúde pública em razão dos sérios e graves problemas que podem causar à saúde humana e ao meio ambiente. Nos Estados Unidos, a Lei do Ar Limpo é discutida desde a década de 1970, com o intuito de controlar a emissão de poluentes atmosféricos (Davis; Masten, 2016).

Na mesma época, no Brasil, o Decreto Estadual n. 8.468, de 8 de setembro de 1976 (São Paulo, 1976), já estabelecia os padrões de qualidade do ar no Estado de São Paulo. Em âmbito nacional, a Lei n. 8.723, de 28 de outubro de 1993 (Brasil, 1993), dispõe sobre a redução das emissões de poluentes atmosféricos por veículos automotores e a Resolução n. 491, de 19 de novembro de 2018 (Brasil, 2018), do Conama, dispõe sobre padrões de qualidade do ar.

Apesar da pressão legislativa sobre o controle de poluição atmosférica, é preciso um monitoramento do ar mais amplo e profundo, para garantir sua qualidade em níveis suficientes e que não afetem a saúde humana e o meio ambiente.

Segundo Quevauviller (2002), é somente com informações de concentração atmosférica mais confiáveis que o impacto da poluição em qualquer atmosfera pode ser avaliado corretamente e controlado de forma eficiente.

Compostos orgânicos voláteis (COVs), um dos principais poluentes presentes no ar atmosférico, podem ser emitidos por meio de fontes móveis ou fixas. O automóvel é exemplo de fontes móveis, cujos motores de combustão interna trabalham com diferentes moléculas orgânicas. Dependendo da eficiência do motor e do catalisador automotivo utilizado, diferentes hidrocarbonetos podem ser gerados e lançados no ar atmosférico por meio dos gases de escape. Na emissão de compostos orgânicos de automóveis, ou seja, de fontes móveis, pode haver hidrocarbonetos saturados e insaturados, compostos aromáticos, álcoois, aldeídos, cetonas e éteres de diferentes tamanhos de cadeia.

As indústrias são exemplo de fontes fixas de poluentes atmosféricos. Diversos processos requerem energia por meio do calor. Para geração de calor e energia em indústrias, ainda é muito comum o uso de caldeiras onde combustíveis fósseis são queimados, gerando grande quantidade de material particulado e diferentes gases pela quebra da molécula orgânica da composição do combustível fóssil.

O monitoramento de COVs no ar não é um procedimento analítico simples, pois, muitas vezes, eles são constituídos de uma mistura complexa de centenas de diferentes componentes. Além disso, as concentrações atmosféricas de COVs, comumente, variam na faixa de partes por milhão (ppm), chegando até a níveis de partes por trilhão (ppt) em algumas áreas.

A maioria dos métodos para detecção de COVs utilizam detectores *on-line* simples ou técnicas de espectroscopia contínua. Esses métodos, no entanto, são restritos à medição de componentes em concentrações acima de 1 ppm e ao monitoramento de um número limitado de compostos (Quevauviller, 2002).

O método de CG acoplada à espectrometria de massas (CG-EM também pode ser utilizado para detecção de compostos orgânicos no ar, sendo possível detectar um grande número de compostos e em concentrações abaixo de 1 ppm. Embora os COVs estejam, em muitos casos, em concentrações na faixa de ppm, muitos estudos vêm mostrando os problemas provocados pela toxicidade desses compostos (Dantas et al., 2020; Li; Pal; Kannan, 2021; Quevauviller, 2002).

Para o monitoramento de COVs na atmosfera, é preciso compreender como esses compostos irão se diluir na atmosfera. A mistura desses poluentes com o ar limpo podem dispersá-los. Caso isso não ocorra, eles se tornam um grande perigo para a população em razão de sua alta concentração nas regiões em que não houve sua diluição.

A dispersão dos poluentes, no entanto, dificulta o monitoramento ambiental e precisa ser levada em consideração para garantir uma estratégia correta de amostragem.

Os principais fatores que influenciam na dispersão de poluentes no ar são:

a) **Presença de correntes de ar/vento**: Na presença de vento, devemos considerar a direção da corrente de ar e a velocidade. Ventos com alta velocidade proporcionam uma rápida dispersão. Além disso, a presença de correntes de ar pode ser proporcionada por diferenças de temperatura ao longo de um período. Por exemplo, ao entardecer, comumente, acontece uma diminuição da temperatura do ar, com isso, o ar frio tende a descer e o ar quente tende a subir.

b) **Relevo**: A presença de relevos influenciará nos caminhos percorridos pelas correntes de ar e na velocidade de propagação do vento, inclusive nos processos de convecção do ar devido às diferenças de temperatura.

c) Condições meteorológicas: Para determinar os melhores horários para coleta de amostras, é fundamental analisar as condições meteorológicas, pois a presença de chuva, por exemplo, pode interferir nos resultados por precipitar e carregar uma grande quantidade de poluentes que se encontravam no ar.

Esses fatores influenciarão na maneira como o poluente irá se propagar no ar, portanto, devem ser considerados para decidirmos os melhores pontos de coleta de amostras e os melhores intervalos de tempo.

Síntese

Neste capítulo, vimos que o monitoramento ambiental pode ser utilizado para inspecionar áreas já poluídas e apontamos a eficácia de métodos de controle e de mitigação como ferramenta para tomada de decisão sobre políticas públicas para garantir a qualidade da saúde e do meio ambiente.

O monitoramento ambiental, como apontamos, é fundamental na detecção e no controle de risco ambiental, por isso é utilizado por agências reguladoras e de proteção ambiental para o gerenciamento de riscos ambientais. Ele possibilita obter informações sobre toxicidade, exposição e características de riscos ambientais, como a persistência de determinados contaminantes e rotas de contaminação.

Também abordamos as principais etapas que constituem o monitoramento ambiental. Muitas vezes, inequivocamente, apenas a etapa de amostragem é considerada; entretanto, ele envolve desde a etapa de definição de objetivos até quais técnicas serão utilizadas para análise laboratorial e para tratamento estatístico. Por isso, neste capítulo, também abordamos alguns conceitos básicos de estatística.

Vimos conceitos como a diferença entre população e amostras, tipos de variáveis e suas diferenças, média, variância, desvio-padrão amostral, viés, precisão e exatidão de dados ambientais.

Por fim, tratamos da presença de compostos orgânicos no meio ambiente e como o monitoramento ambiental deve ser utilizado, dependendo dos compostos e do meio em que estão presentes. Diferentes metodologias e abordagens devem ser utilizadas conforme o meio em que ocorre a poluição por compostos orgânicos. Em cada caso, é preciso compreender como a propagação do poluente acontecerá e como as condições do meio influenciarão. Além disso, as fontes potenciais, a poluição e a contaminação serão diferentes no caso de compostos orgânicos no ar, na água ou no solo.

Questões para revisão

1) Um determinado agrotóxico é distribuído numa plantação de soja por meio de uma aeronave. Quais as rotas de poluição que podem ocorrer na região?

2) Uma indústria foi instalada próxima a uma região urbana. Quais são as principais fontes de poluição e como devem ser monitoradas?

3) Assinale a alternativa correta sobre o monitoramento da água para uso humano de corpos d'água de uma região próxima a plantações de café:

   a. Devemos coletar apenas uma amostra o mais próximo possível da plantação.

   b. Devemos coletar várias amostras em diferentes pontos, conforme a direção do movimento do corpo d'água.

   c. Devemos coletar apenas uma amostra o mais próximo possível do local onde habitam pessoas.

   d. É necessário coletarmos amostras apenas das águas subterrâneas próximas do local onde habitam pessoas.

   e. É necessário coletarmos diversas amostras, independentemente do local, pois o poluente é altamente disperso na água.

4) Um grupo de pesquisadores está elaborando um plano de monitoramento para entender o aumento de problemas respiratórios em crianças de uma determinada escola. Assinale a alternativa correta sobre a qualidade dos dados coletados:

   a. Como as crianças só vão para a escola de segunda a sexta, não será preciso fazer o monitoramento do ar nos finais de semana.

   b. O monitoramento deve ser feito apenas com coletas do ar no pátio da escola.

   c. Devemos analisar a região e o seu histórico para entendermos a causa da poluição atmosférica.

   d. A causa da poluição atmosférica não precisa ser levada em consideração.

   e. A poluição atmosférica pode ser causada por fontes pontuais e não pontuais, o que dificulta seu monitoramento.

5) Uma indústria de medicamentos lança efluentes tratados conforme a legislação local exige. Ainda assim, a população que vive próxima à indústria vem apresentando casos de intoxicação e o órgão ambiental resolveu monitorar os corpos d'água próximos à indústria. Assinale a alternativa correta sobre o objetivo do monitoramento ambiental:

  a. O monitoramento ambiental não resolverá o problema, afinal, a empresa está atendendo à legislação.

  b. O monitoramento ambiental não trará informações sobre o risco ambiental ao qual a população está sujeita.

  c. O monitoramento ambiental servirá para gerar dados e informações sobre o local e, assim, os riscos ambientais da região podem ser apontados.

  d. O monitoramento ambiental é de responsabilidade da empresa, para garantir que está seguindo as normas e a legislação.

  e. O monitoramento ambiental deve ser feito pela população afetada, por meio das pessoas contaminadas.

QUESTÃO PARA REFLEXÃO

1) Apesar de o monitoramento ambiental ser utilizado como uma ferramenta pública para tomada de decisão e controle da qualidade ambiental da região, há muita diferença nos padrões de monitoramento entre países, estados e municípios de um mesmo país. Discuta com seus colegas quais são as principais razões para as diferenças no monitoramento ambiental em diferentes esferas. Elabore um texto escrito com suas considerações e conclusões.

CONTEÚDOS DO CAPÍTULO:

- Critérios para escolha de um plano de amostragem.
- Diferentes estratégias de amostragem.
- Planejamento da amostragem no espaço e tempo.

APÓS O ESTUDO DESTE CAPÍTULO, VOCÊ SERÁ CAPAZ DE:

1. compreender os princípios e critérios para formulação de um plano de amostragem;
2. aplicar as diferentes estratégias de amostragem e saber quando usar cada uma;
3. indicar os critérios e as considerações para formulação de um plano de amostragem espaço-temporal.

2

Procedimentos de amostragem

2.1 Plano de amostragem

Para o monitoramento ambiental, algumas análises podem ser feitas diretamente no local da amostragem, porém nem sempre é possível analisar o meio de interesse *in situ* (em seu lugar natural) e em tempo real, sendo necessária a coleta de amostras para posteriores análises laboratoriais.

A qualidade da amostragem é fundamental para obtermos dados com a menor influência de efeitos indesejados possíveis e que representem o meio que está sendo monitorado. A amostragem deve auxiliar a forma de coletar informações da população (o todo) por meio de uma amostra representativa (uma parte do todo). Para isso, é preciso entendermos onde e como serão apuradas as amostragens e também como e quais métodos laboratoriais serão usados para analisar a amostra coletada.

Veremos, a seguir, como estruturar um plano de amostragem e quais informações devem constar para garantir uma amostragem de qualidade.

O plano de amostragem deve ser elaborado como um protocolo a ser seguido durante a etapa de coleta de dados em um monitoramento ambiental. Os objetivos de seguir um protocolo de trabalho são garantir a repetitividade no trabalho operacional de amostragem, reduzir erros que invalidem os dados obtidos com a amostragem e obter amostras com representatividade do local analisado. Para que seja alcançado, um plano de amostragem deve seguir algumas etapas (Montgomery, 2017), que serão apresentadas a seguir, nas Seções 2.1.1 a 2.1.6.

Durante o planejamento do processo de amostragem, deve ser levada em consideração a existência de protocolos específicos normatizados por agências como a Associação Brasileira de Normas Técnicas (ABNT), dependendo dos compostos de interesse para o monitoramento ambiental.

O uso de normas para padronizar a metodologia de amostragem possibilita que diferentes amostras possam ser comparadas, com base em padrões previamente estabelecidos.

PARA SABER MAIS

ABNT – Associação Brasileira de Normas Técnicas. **NBR 9897**: planejamento de amostragem de efluentes líquidos e corpos receptores. Rio de Janeiro, 1987.

ABNT – Associação Brasileira de Normas Técnicas. **NBR 9898**: preservação e técnicas de amostragem de efluentes líquidos e corpos receptores. Rio de Janeiro, 1987.

Essas duas normas da ABNT fixam as condições padrão para a coleta e a preservação de amostras de efluentes líquidos domésticos e industriais e de água e também os procedimentos para desenvolver o plano de amostragem de efluentes líquidos.

2.1.1 Objetivo da amostragem

O primeiro passo para o plano de amostragem é ter claro qual é o problema ambiental que está sendo estudado e/ou monitorado. Compreender qual o objetivo da amostra a ser coletada e quais as respostas que ela trará faz com que o planejamento de amostragem seja desenvolvido para atender a esses questionamentos (Montgomery, 2017). Por exemplo, o plano de amostragem de um monitoramento de emissões industriais com o objetivo de verificar se elas estão dentro do limite exigido por normas e legislações é diferente do plano de amostragem de um monitoramento para verificar a qualidade do ar em um determinado local.

Para monitorar emissões industriais, provavelmente as coletas de amostras do ar serão pontuais, próximas às fontes de emissão de poluentes. Para analisar a qualidade do ar em um determinado local, será preciso coletar amostras de diversos pontos da região e, então, verificar se existem pontos de poluição e qual o perfil de dispersão desses poluentes na região. Para analisar a qualidade do ar em uma região, provavelmente uma quantidade maior de dados será gerada.

Com esses exemplos, é possível observar que diferentes estudos e/ou monitoramentos ambientais irão proporcionar alterações tanto em termos de execução operacional da coleta de amostras quanto na análise estatística. Sendo assim, o planejamento de amostragem será completamente diferente.

2.1.2 Padrões de contaminação e variabilidade ambiental

O segundo passo é entendermos se existem padrões de contaminação e até algum histórico de contaminações, por exemplo, o conhecimento do histórico de uso e de ocupação do solo. Nessa etapa, é importante conhecer o local a ser analisado e seu entorno, a fim de definirmos corretamente os pontos e os momentos de coleta para obtermos uma amostra mais representativa do meio contaminado.

Por exemplo, para a avaliação de poluentes atmosféricos de uma indústria, é preciso considerar a direção do vento para definir o local da amostragem.

Nessa etapa, definimos também a frequência e a quantidade ideal de amostras a ser coletada. Um croqui com a localização dos possíveis pontos de coleta pode ser elaborado, ou mesmo mapas georreferenciados com os locais exatos de coleta (Banerjee; Carlin; Gelfand, 2003).

Segundo Cressie e Wikle (2015), imagens de sensoriamento remoto compostas de dados espaciais mostram variabilidade em um piscar de olhos. Mapas georreferenciados são como uma fotografia da região no tempo, ou seja, uma realidade instantânea de tempo, e podem ser utilizados como cortes transversais no tempo. Sendo assim, essas ferramentas são excelentes recursos para acompanhar fenômenos dinâmicos e que variam ao longo dos anos.

O QUE É

Croqui é o esboço de um mapa, com traços simples e sem grandes detalhes, mas dando uma noção geral do local e das informações mais importantes.

Mapas georreferenciados são mapas com informações de coordenadas em um determinado sistema de referência. Normalmente, utiliza-se GPS (*Global Position System*) para obter essas informações de coordenadas com exatidão.

EXEMPLIFICANDO

Oliveira (2018), em seu trabalho de conc lusão de curso, apresentou o geoprocessamento como ferramenta para o monitoramento ambiental de unidades de conservação, com o objetivo de analisar processos de mudanças temporal e espacial da Área de Proteção Ambiental dos Pirineus (APA Pirineus) e do Parque Estadual dos Pireneus (PEP) no Estado de Goiás entre os anos de 2013 e 2017.

O Mapa 2.1 é um exemplo de um mapa georreferenciado que a autora utilizou para mostrar a área de estudo e sua localização. Com as análises espacial e temporal de uso e cobertura da terra, utilizando imagens de georreferenciamento, a autora demonstrou que ocorreram mudanças na paisagem das unidades de conservação e evidenciou a predominância da classe savânica/campestre em todos os anos de estudo, exceto para 2017, no PEP.

Além disso, a autora mostrou, com a análise espacial, que a APA encontrava-se, predominantemente, antropizada, tendo como principal uso a agropecuária.

O Mapa 2.2 aponta o uso e a cobertura da terra da APA Pirineus e do PEP no ano de 2017. Por meio dele, a autora indicou as áreas ocupadas com agropecuária e mineração e áreas onde havia a presença de formações florestais, savânica/campestre e cicatrizes.

Mapa 2.1 – Mapa de localização da Área de Proteção Ambiental dos Pirineus (APA Pirineus) e do Parque Estadual dos Pirineus (PEP)

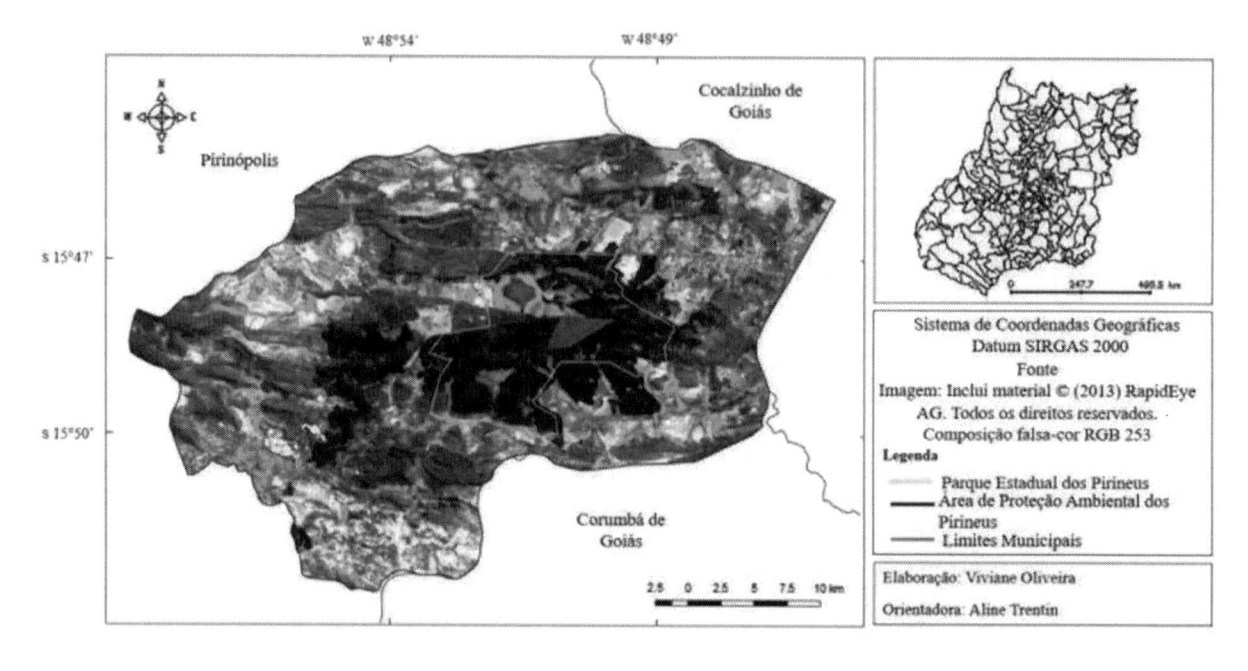

Fonte: Oliveira, 2018, p. 34.

Mapa 2.2 – Mapa de uso e cobertura da terra da APA Pirineus e PEP, localizados no Estado de Goiás, no ano de 2017

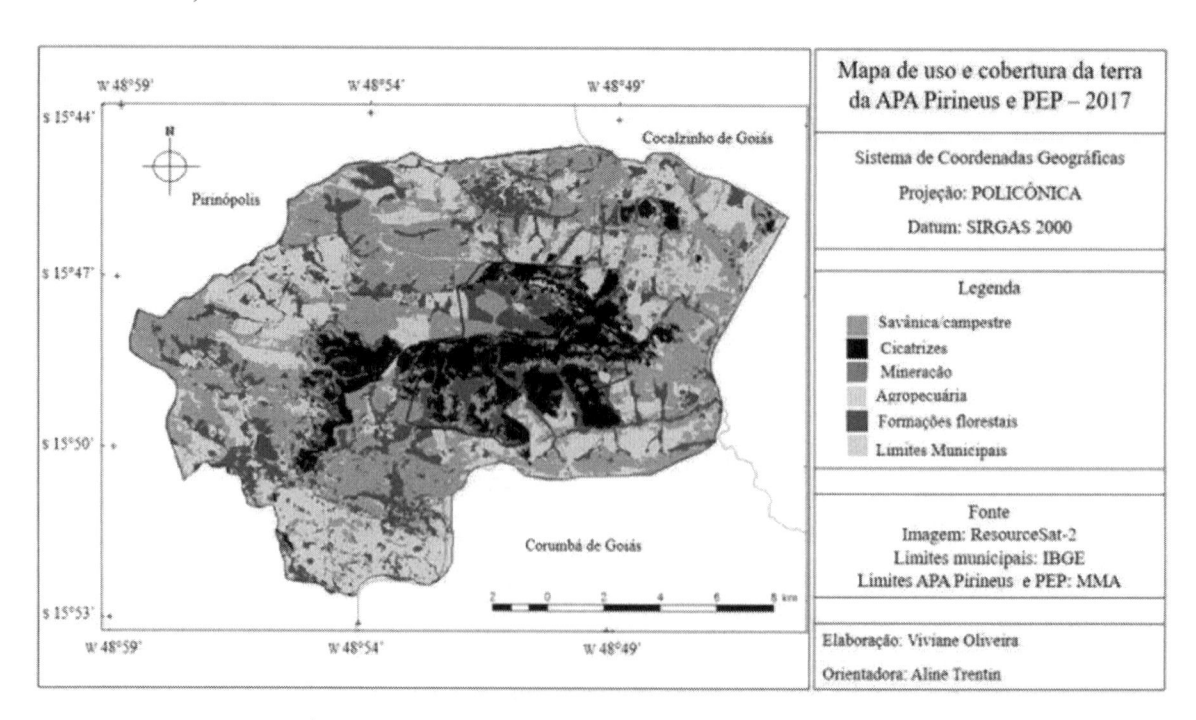

Fonte: Oliveira, 2018, p. 43.

Para saber mais

BANERJEE, S.; CARLIN, B. P.; GELFAND, A. E. **Hierarchical Modeling and Analysis for Spatial Data**. New York: Chapman and Hall/CRC, 2003.

Para aprofundar os conhecidos em modelos hierárquicos para dados espaciais, sugerimos a leitura desse livro de Banerjee, Carlin e Gelfand. No primeiro capítulo, os autores apresentam diferentes mapas tanto para representar e localizar dados pontuais e dados de área como para associar esses dois tipos de dados. Além disso, os autores fornecem uma seção inteira no Capítulo 1 com uma breve introdução sobre cartografia e projeções de mapas.

2.1.3 Parâmetros para caracterização analítica de amostras ambientais

Após ter definido o objetivo do programa de monitoramento, o histórico e os padrões de contaminação, normalmente já sabemos quais os principais contaminantes que, provavelmente, serão encontrados e a sua constituição.

O próximo passo é entendermos quais métodos de caracterização serão necessários para analisar as amostras coletadas. Nesse momento, é possível determinar se serão utilizadas análises *in loco* ou se será necessário o transporte para uma análise em laboratório.

Sabendo quais técnicas serão utilizadas, é possível estimar a quantidade de amostras necessárias. Os métodos de análise das amostras devem ser definidos não apenas conforme o objetivo do monitoramento, mas também de acordo com a abrangência do método de análise, a confiabilidade, as referências para comparações e até a viabilidade econômica para desenvolver determinado método (Montgomery, 2017).

Além disso, é fundamental, nessa etapa, termos conhecimento sobre a capacidade analítica laboratorial, fazendo as seguintes considerações:

a) **Disponibilidade de equipamentos calibrados**: Muitas vezes, as análises precisam ser feitas em laboratórios terceirizados, onde os equipamentos não ficam à disposição da equipe para fazer as análises. Sendo assim, é importante considerar qual será a disponibilidade do laboratório ou da equipe técnica laboratorial para proceder às análises desejadas. Dependendo da amostra, ela tem um prazo máximo para ser analisada, visto que alterações e degradações podem ocorrer se passar desse tempo máximo.

b) **Quantidade de amostras por análise**: Devemos entender se existe um número mínimo ou máximo de amostras que o laboratório, o equipamento ou a equipe técnica serão capazes de analisar. Grandes quantidades de amostras, às vezes, tornam-se inviáveis de serem analisadas se o método analítico for muito longo, por exemplo. Pequenas quantidades de amostras podem ser insuficientes para determinar o método, a calibração e a análise, em alguns casos. A proporção entre grandes quantidades e pequenas quantidades de amostras dependerá do método utilizado, das características físicas das amostras coletadas e da capacidade laboratorial.

c) **Limite de detecção do método (LDM)**: Dependendo do método, haverá um limite de detecção, ou seja, a menor concentração de uma substância que o método detecta não será, necessariamente, uma quantidade quantificada pelo método. Logo, ter esse conhecimento durante o planejamento evita que quantidades insuficientes sejam coletadas, inviabilizando as análises químicas.

d) **Limite de quantificação**: Diz respeito à menor concentração de uma substância que pode ser quantificada pelo método analítico com um nível de aceitabilidade de representatividade. Saber qual é o limite de detecção é fundamental para compreendermos se será um método viável para o objetivo do monitoramento. Normalmente, a recomendação é que, para dados ambientais, o limite de quantificação do método seja, pelo menos, 50% menor do que a concentração mínima de interesse (Cetesb, 2011).

e) **Concentração mínima de interesse**: Conhecer qual é a concentração mínima da substância de interesse é fundamental para definirmos qual método analítico pode ser utilizado. Em muitos casos, essa concentração mínima é definida em normas e legislações ou segue algum padrão internacional.

f) **Incerteza de medição**: Conhecer a incerteza de medição do método é importante para avaliarmos se exatidão, precisão e confiabilidade do resultado analítico estão de acordo com o objetivo do monitoramento. Os valores máximos de incerteza devem ser analisados em conjunto com a concentração mínima de interesse, auxiliando na decisão do melhor método analítico.

2.1.4 Considerações práticas para a coleta de amostras

O quarto passo é identificar aspectos práticos com relação à coleta das amostras, como acessibilidade ao local de amostragem e quais equipamentos e procedimentos mais adequados para a coleta e a preservação das amostras até a análise laboratorial.

Nessa etapa, também deve ser analisada a quantidade de amostras que precisarão ser coletadas, o que depende diretamente dos métodos analíticos que serão usados para analisar a amostra. Devemos considerar, como vimos anteriormente, que grandes quantidades de amostras são difíceis de manusear e de armazenar, e pequenos volumes podem não ser suficientes para a determinação dos componentes poluidores (Rocha; Rosa; Cardoso, 2009).

Além disso, nessa etapa, devem ser definidos os materiais coletores das amostras, como os frascos utilizados para armazenar o material coletado.

É fundamental colocarmos essa informação no protocolo de plano de amostragem, pois o material do frasco coletor poderá influenciar na amostra a ser coletada. Por exemplo, no caso de determinação de metais na água, a água coletada não deve ser armazenada em um frasco de metal.

Ainda nessa etapa, poderão ser planejados quais tratamentos serão necessários antes da análise de caracterização das amostras, inclusive, conforme normas da vigilância sanitária, dependendo do tipo de material coletado.

2.1.5 Planejamento estatístico de experimentos

É importante mencionar que, no planejamento do experimento, já devemos ter em mente qual modelo estatístico será utilizado para analisar os dados. O planejamento do experimento e a análise estatística dos dados estão intimamente relacionados, pois o método de análise depende diretamente do *design* de experimentos empregado (Montgomery, 2017).

Além disso, é importante que um estatístico acompanhe o planejamento do experimento porque há métodos que apresentam suposições na coleta de dados que, se não forem atendidas, podem dificultar a análise dos dados e, consequentemente, a interpretação dos resultados.

Segundo Montgomery (2017), a abordagem estatística para o planejamento experimental é necessária se quisermos chegar a conclusões significativas dos dados. Quando o problema envolve dados que podem estar sujeitos a erros experimentais, os métodos estatísticos são a única abordagem objetiva para a análise.

2.1.6 Análise dos recursos necessários

O método de amostragem deve ser escolhido para alcançarmos um nível especificado de eficácia a um custo mínimo. Nessa etapa, portanto, devem ser listados todos os recursos necessários para atingirmos o objetivo definido com um nível específico de eficácia, ou seja, com o grau de detalhe e de precisão durante a amostragem e os limites analíticos para a quantificação do contaminante.

Com os dados obtidos nas etapas anteriores do planejamento, é possível determinar quais recursos financeiros e humanos serão necessários e como otimizar esses recursos para tornar o programa de monitoramento economicamente viável.

Segundo Mason, Gunst e Hess (2003), os esforços dedicados ao planejamento de experimentos podem garantir que estes sejam planejados economicamente, que sejam eficientes e que os efeitos de fatores individuais e conjuntos possam ser avaliados.

2.2 Estratégias de amostragem

Durante o desenvolvimento do planejamento da amostragem, o pesquisador terá algumas possibilidades de métodos de amostragem que, diante das condições de execução da pesquisa, podem ser considerados ideais (Montgomery, 2017).

As diferentes estratégias de amostragem podem ser classificadas em dois grupos: 1) amostragens probabilísticas e 2) amostragens não probabilísticas, que serão discutidas a seguir.

2.2.1 Amostragens não probabilísticas

Amostragens não probabilísticas são construídas por meio de escolhas deliberadas dos elementos da amostra, dependendo de alguns critérios específicos e/ou do julgamento do pesquisador. São exemplos de amostragens não probabilísticas: a amostragem por acessibilidade, ou por conveniência, a amostragem intencional e a amostragem por cotas.

A amostragem por acessibilidade, ou por conveniência, é a estratégia menos rigorosa. Normalmente, os elementos escolhidos para a amostra são os elementos aos quais temos acesso, sem nenhum critério de representatividade da população. Por exemplo, quando é preciso monitorar espécies animais silvestres cujo hábitat natural é de difícil acesso, a amostragem é feita com a quantidade de animais encontrados ou que estejam mais acessíveis.

Na amostragem intencional, são selecionados subgrupos da população com base em informações previamente disponíveis e que indiquem uma representatividade da população de interesse. Nesse tipo de amostragem, é preciso um conhecimento prévio da população e do subgrupo selecionado. A desvantagem dessa estratégia é que haverá dados que cobrem apenas uma janela de observação da população, de modo que poderá gerar resultados particularizados para aquele subgrupo da população ou gerar uma análise com presença de viés, ou tendência. Considerar que os dados representam a variabilidade da população poderá ser uma atitude equivocada.

A amostragem por cotas é a estratégia de maior rigor entre as amostragens do tipo não probabilísticas. Ela é composta de algumas etapas que incluem a classificação da população em classes e a proporção de cada classe. Normalmente, esse tipo de estratégia é utilizado quando existe informação suficiente sobre o perfil populacional. Por exemplo, quando não sabemos se o efeito de algum contaminante em uma população age da mesma forma em indivíduos de diferentes idades, é preciso coletar a amostragem da população analisada em proporções para cada faixa etária.

2.2.2 Amostragens probabilísticas

As amostragens probabilísticas são métodos mais rigorosos e cientificamente mais aceitos. Na amostragem probabilística, a seleção dos elementos que constituem a amostra é feita de forma aleatória. Cada elemento da população deve ter uma probabilidade conhecida de pertencer à amostra. Podemos optar por uma abordagem sistemática de amostragem, como amostragem em intervalos iguais no tempo ou no espaço, ou por uma amostragem mais aleatória (Gilbert, 1987).

As três principais estratégias desse tipo são amostragem aleatória simples, amostragem estratificada e amostragem sistemática, as quais serão discutidas a seguir.

Amostragem aleatória simples

Por ser facilmente aplicada, a amostragem aleatória simples (AAS) é a estratégia de amostragem do tipo probabilística mais utilizada. Nela, a coleta das amostras é feita ao acaso, de forma não sistemática, e todos os elementos da população apresentam a mesma probabilidade de compor a amostra (Martins; Domingues, 2017).

Segundo Montgomery (2017), os métodos estatísticos requerem que as observações e os possíveis erros sejam variáveis aleatórias distribuídas independentemente.

Ao randomizar adequadamente o experimento por meio da amostragem aleatória, favorecemos essa suposição. Essa estratégia de amostragem pode ser utilizada quando, por exemplo, presumimos que houve uma contaminação com distribuição irregular e trata-se de uma população homogênea.

Amostragem direcionada ou estratificada

Na amostragem direcionada, ou estratificada, a população é dividida em subpopulações, ou estratos. A determinação dos estratos e dos pontos de coleta das amostras é determinada com o conhecimento prévio das fontes de contaminação. Entretanto, a seleção dos estratos deve levar em consideração certa homogeneidade de dados em cada estrato. Essa estratégia de amostragem costuma ser utilizada para definir situações específicas, quando há um conjunto de condições experimentais relativamente homogêneas (Montgomery, 2017).

No plano de amostragem do tipo estratificada, devemos especificar quantas amostras serão coletadas em cada estrato. Ela pode ser uniforme, proporcional e ótima.

Na amostragem estratificada uniforme, obtemos um número igual de elementos em cada estrato.

Na amostragem estratificada proporcional, o número de elementos retirados de cada estrato será proporcional ao número de elementos existentes no estrato.

Na amostragem estratificada ótima, determinamos que, em cada estrato, é obtido um número de elementos proporcional ao número de elementos do estrato e também à variação da variável de interesse, que é medida pelo seu desvio-padrão. No caso da amostragem estratificada ótima, consideramos uma otimização de informações porque, quanto menor a variação, menos elementos são necessários para representar o comportamento da subpopulação existente em cada estrato.

Amostragem sistemática ou em grades

Quando a amostragem sistemática é adotada, a coleta das amostras acontece por meio de um delineamento preestabelecido, com distribuição sistemática dos pontos de amostragem semelhante a uma malha de amostragem, cujos diferentes tipos serão abordados a seguir.

Esse tipo de amostragem possibilita obter um retrato detalhado dos contaminantes em um determinado local.

Um dos fatores que influenciam na decisão de qual estratégia de amostragem escolher é o meio que será analisado. Por exemplo, a amostragem do solo normalmente precisa ser de forma sistemática, devido à homogeneidade do solo e à necessidade de uma análise completa de uma determinada área dele. No ar atmosférico, os poluentes ficam bem dispersos e distribuídos, sendo necessária uma amostragem direcionada, dependendo de condições ambientais e climáticas, como correntes de ar e chuvas.

A amostragem em grades é, geralmente, aplicada para análises do solo. Nesse método, a área a ser analisada é, primeiramente, dividida em células, podendo ser dividida em uma malha quadrada, retangular ou triangular, conforme ilustrado a seguir.

Na imagem (a) da Figura 2.1, vemos grades quadradas; em (b), grades retangulares; e, em (c), grades triangulares.

Figura 2.1 – Representações das diferentes geometrias utilizadas para configurações de grades de amostragem

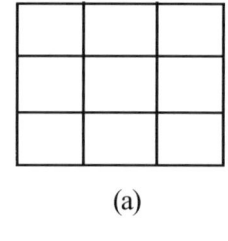 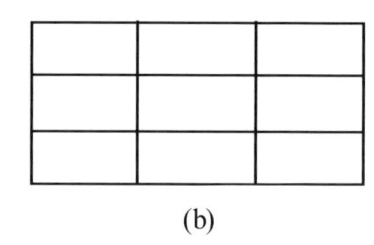 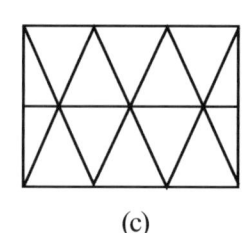

(a)   (b)   (c)

Após a divisão da área a ser analisada por meio de grades, amostras são retiradas de cada célula da grade. Essas amostras de cada célula são compostas por várias subamostras, que podem ser coletadas por ponto ou por célula.

Na amostragem em grades por pontos, um ponto é alocado no centro de cada célula, e subamostras são coletadas ao redor dele, em um determinado raio. Para definirmos como a amostragem ocorrerá dentro das células, levamos em consideração o espaçamento entre os pontos de coleta.

A Figura 2.2 ilustra diferentes maneiras de posicionarmos o ponto de coleta das amostras dentro das células de uma grade. Uma forma de organizar os pontos de coleta de amostras é por meio de pontos alinhados, centralizados ou não, conforme ilustrado nas imagens (a) e (b) da Figura 2.2.

Alguns planos de amostragem utilizam um padrão de pontos de coleta desalinhados, conforme ilustrado na imagem (c) da Figura 2.2. Essa opção de padrão desalinhado costuma ser utilizada quando desejamos evitar algum viés na média estimada devido à periodicidade que possa existir no espaço analisado.

Uma opção para evitarmos algum viés na média estimada, mas ainda mantendo uma ordem na coleta das amostras, é utilizar a grade sistemática triangular, conforme ilustrado na imagem (d) da Figura 2.2.

Figura 2.2 – Exemplos de disposições dos pontos de coletas na amostragem em grades por pontos

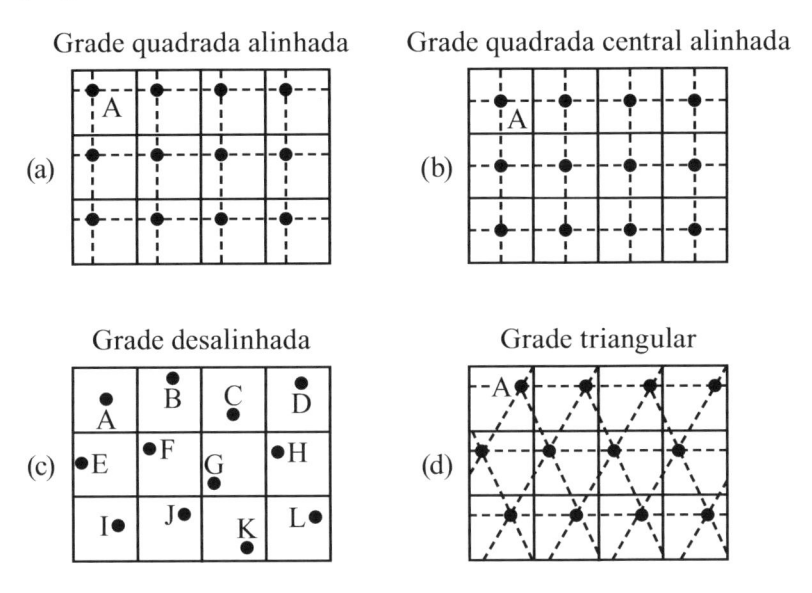

Fonte: Gilbert, 1987, p. 94, tradução nossa.

Na amostragem em grade por célula, subamostras são coletadas ao longo de toda a área da célula. Normalmente, as subamostras são coletadas na forma de zigue-zague, obtendo amostras de todas as regiões da célula, conforme ilustrado na Figura 2.3.

A amostragem em grade por células tende a gerar uma quantidade maior de subamostras do que a amostragem em ponto, sendo necessário cobrir boa parte da área da célula. Nesse caso, as subamostras também são utilizadas para formar uma amostra composta e homogênea. O resultado da amostra composta de uma célula é atribuído para toda a área da célula.

Figura 2.3 – Exemplo de dispersão dos pontos de coleta na forma de zigue-zague dentro de uma célula

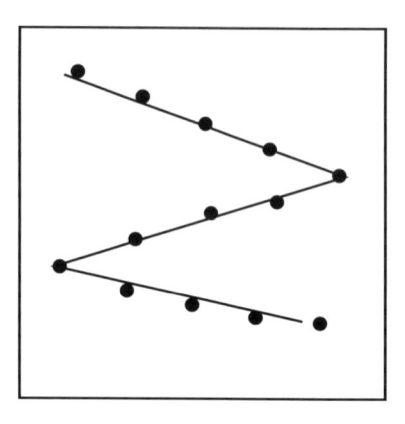

Para ambos os casos, amostragem em ponto e amostragem em célula, a quantidade amostral dependerá da quantidade de material necessário para compor uma amostra, sendo que, quanto mais subamostras, maior a confiabilidade no valor médio que representará a célula, porém, maior será o trabalho operacional para tratar essas amostras. Além disso, o número de subamostras também dependerá do tamanho abrangido por cada célula.

Quanto maior a área das células individuais da amostra, maior deverá ser o número de subamostras para que o espaçamento entre elas não fique tão grande e informações sejam perdidas nesse meio entre amostras. Após sua coleta, as subamostras são homogeneizadas, produzindo uma amostra composta.

Independentemente de como a amostragem em grades foi colhida, é importante vincularmos cada amostra gerada com as respectivas coordenadas, principalmente quando desejamos determinar o perfil de propagação e de contaminação do poluente na região analisada.

Na amostragem em ponto, a amostra composta será vinculada ao ponto de coleta, enquanto na amostragem em célula, a amostra composta será vinculada a toda a área da célula.

2.3 Amostragem no espaço e no tempo

O monitoramento ambiental pode ser feito por meio de uma amostragem estruturada na forma espaço-temporal. As coletas das amostras, nesse caso, são planejadas para ocorrer em tempos predeterminados – horas, dias, semanas, estações ou anos – e/ou em espaços específicos – áreas geográficas estabelecidas, como regiões de um bairro, uma cidade ou até determinadas bacias hidrográficas, por exemplo.

O plano de amostragem pode também combinar amostras coletadas ao longo do tempo e em determinados espaços.

Segundo Cressie e Wikle (2015), espaço e tempo são fatores fundamentais de qualquer experimento, uma vez que o protocolo de um experimento bem projetado requer o registro do local e da hora em que cada dado foi coletado. Depois que o experimento foi realizado, as informações espaciais e temporais podem ser usadas para compreender fatores desconhecidos e não explicados que, mais tarde, podem tornar-se "conhecidos" à medida que o experimento avança.

No entanto, a associação do tempo na amostragem espacial traz um aumento substancial no escopo do nosso trabalho, pois devemos tomar decisões separadas sobre correlação espacial, correlação temporal e como o espaço e o tempo interagem em nossos dados (Banerjee; Carlin; Gelfand, 2003).

Para estruturar um plano de amostragem espaço-temporal, alguns critérios devem ser analisados: objetivo da amostragem, custo-benefício e conhecimento prévio da população estatística a ser analisada.

Como visto anteriormente, diferentes objetivos exigem diferentes planos de amostragem. Quanto ao custo-benefício, o plano de amostragem espaço-temporal deve fornecer resultados com um nível aceitável de eficácia para o objetivo determinado, porém com um custo mínimo. Excesso do número de amostras, seja por determinar um grande número de locais para amostragem, seja por determinar tempo inadequado de amostragem, pode gerar custos exorbitantes, mesmo que elas forneçam resultados excelentes com grande precisão.

Outro critério importante que deve ser analisado para determinar um plano de amostragem espaço-temporal é o conhecimento de padrões espaciais e/ou temporais das concentrações. O conhecimento sobre a população a ser analisada favorece um planejamento por meio do qual será possível estimar os parâmetros populacionais com maior precisão e menor custo. Esses padrões, normalmente, são um tanto complexos e envolvem aspectos geográficos, bióticos, de propagação e de dispersão com o tempo, entre outros.

Como vimos no capítulo anterior, alguns fatores afetam a variabilidade ambiental e precisam ser levados em consideração para definirmos a amostragem espaço-temporal. Alguns desses fatores são:

- distância e direção de propagação em relação à fonte poluidora;
- distribuição não uniforme da poluição nos meios, sendo necessário conhecer aspectos como topografia, hidrogeologia, meteorologia, ação das marés, mecanismos de redistribuição biológica, química e física;
- variações das concentrações naturais conforme tempo e/ou espaço;
- acúmulo ou degradação dos poluentes ao longo do tempo.

Como vimos anteriormente, o plano de amostragem resulta em um protocolo que deve ser seguido para assegurar a confiabilidade e a segurança dos resultados obtidos no monitoramento ambiental.

Em um plano de amostragem espaço-temporal, a escolha do local de coleta deve estar descrita no protocolo, assim como o tempo entre cada análise (Cressie; Wikle, 2015).

Definir quando e onde coletar as amostragens é uma decisão complexa, mas existem algumas maneiras de fazer essa escolha, como definir a amostragem de forma aleatória, probabilística, por meio de julgamento ou por meio de pesquisa.

2.3.1 Método de amostragem espaço-temporal aleatória

No método de amostragem espaço-temporal aleatória, amostras podem ser retiradas de qualquer local da área analisada e sem períodos de tempo específicos. A amostragem aleatória costuma ser utilizada quando sabemos que a população-alvo é completamente homogênea, ou seja, a variabilidade e o nível médio de poluentes não variam ao longo da área analisada.

O uso desse método facilita a coleta de amostragem, visto que pode ocorrer em locais mais acessíveis e em horários mais convenientes, portanto, reduz os custos com a etapa de amostragem. É difícil, entretanto, ter certeza da existência da homogeneidade da população analisada, o que pode levar a estimativas errôneas e resultados equivocados.

2.3.2 Método de amostragem espaço-temporal por julgamento

No método de amostragem espaço-temporal por julgamento é feita uma seleção subjetiva de unidades populacionais para serem analisadas, conforme conhecimento empírico da equipe técnica.

O método de amostragem por julgamento costuma ser utilizado quando não é possível que toda a população seja analisada, no entanto, só deve ser escolhido quando tivermos um conhecimento suficiente da área analisada para que não resulte em dados incoerentes ou partes importantes da população não sejam analisadas.

No caso de existir conhecimento suficiente para utilizar o método de amostragem por julgamento, é possível estimar parâmetros de forma precisa, mesmo sem analisar toda a população de interesse e mesmo sendo difícil estimar a precisão dos parâmetros estimados.

EXEMPLIFICANDO

Se desejarmos, por exemplo, monitorar águas subterrâneas em torno de uma indústria de galvanoplastia que usa metais pesados em seu processo para identificar se existem, ou não, possíveis vazamentos de efluentes, é preciso definir pontos estratégicos a fim de instalar poços para detectar e monitorar possíveis vazamentos e a presença de metais pesados na água.

Além disso, é preciso definir o período de tempo em que coletas de água serão feitas. Para definir onde os poços devem ser instalados, são necessários a avaliação e o julgamento de geoquímicos e hidrólogos enquanto para definir os tempos de coleta de amostras da água, é preciso o conhecimento do engenheiro ambiental da indústria, a fim de entender os períodos de atividade da empresa, a distância e as correntes de água do local de geração dos efluentes até os pontos onde foram alocados os poços.

Com a amostragem por meio de julgamento, é possível analisar e descartar amostras que ocorreram em períodos sem atividade industrial, como em recessos e finais de semana.

2.3.3 Método de amostragem espaço-temporal de probabilidade

O método de amostragem espaço-temporal de probabilidade inclui diferentes métodos específicos de seleção de espaços amostrais e/ou tempos de amostragem. Esses métodos incluem:

- **Amostragem aleatória simples (AAS) espaço-temporal**: Utilizada para estimar parâmetros quando a população não contém grandes variações de tendências, ciclos ou padrões de contaminação. Nesse método, ao longo do tempo e/ou espaço, amostras são escolhidas de forma aleatória, sem nenhum critério de seleção.

- **Amostragem aleatória estratificada**: Quando a população-alvo é dividida em partes e em sub-regiões, a fim de obter melhor estimativa da média. Os estratos podem ser de diferentes tamanhos e são escolhidos com base em informações prévias sobre a variação no tempo e no espaço. Dentro desses estratos, as amostras são selecionadas por AAS espaço-temporal.

- **Amostragem em dois estágios**: Nesse caso, a população é dividida em unidades primárias e, em seguida, apenas algumas dessas unidades são utilizadas e são amostradas por meio da AAS. As unidades primárias são escolhidas aleatoriamente.

- **Amostragem espaço-temporal por conglomerados**: Agrupamentos de unidades individuais são determinados aleatoriamente e todos os agrupamentos são analisados.

- **Amostragem espaço-temporal sistemática**: Medidas em locais e/ou espaços de tempos são feitas de acordo com um padrão, por exemplo, um padrão de amostragem em grades.

- **Amostragem aleatória dentro de blocos**: Associa a amostragem aleatória, sem um ponto específico, porém dentro de blocos predeterminados, como na amostragem em grades.

Em alguns casos, pode haver o interesse de colher a amostragem de dados espaciais em um instante no tempo específico, como obter a taxa de desmatamento no Estado do Amazonas em 2020. Ou podemos fazer a amostragem espacial de um processo que não está evoluindo no tempo ou o componente temporal foi simplesmente descartado (Cressie; Wikle, 2015).

Da mesma forma, amostragens temporais podem não apresentar dependências espaciais por razões análogas. Por exemplo, para o controle de emissões de uma indústria de cimento, será importante coletar amostras em diferentes tempos, como em dias e em horários diferentes, mas sempre no mesmo local, próximo às chaminés das fornalhas. No entanto, em diversas situações reais, as amostragens espaciais e temporais precisarão ser combinadas (Banerjee; Carlin; Gelfand, 2003), conforme apresentado no próximo boxe *Exemplificando*.

As figuras a seguir representam, de forma esquemática, cada método de amostragem no espaço e no tempo, respectivamente. As amostragens espaciais e as temporais podem, ou não, estar relacionadas (Banerjee; Carlin; Gelfand, 2003).

Na Figura 2.4, a imagem (a) ilustra a amostragem aleatória simples; a imagem (b), a amostragem aleatória estratificada; em (c), vemos a ilustração de amostragem em dois estágios; em (d), amostragens agrupadas; em (e), amostragem sistemática e em grades; em (f), amostragem aleatória em grades.

Figura 2.4 – Esquema representativo dos métodos de amostragem espacial

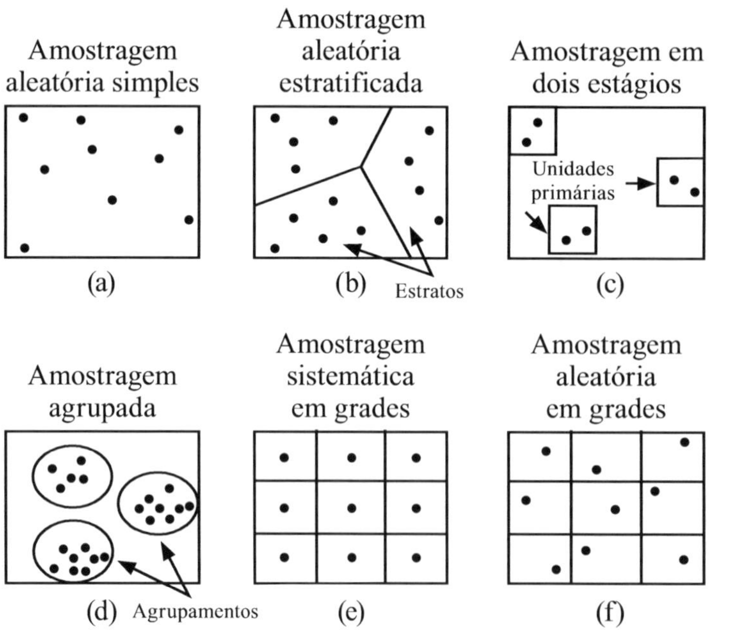

Fonte: Gilbert, 1987, p. 21, tradução nossa.

Na Figura 2.5, a imagem (a) ilustra a amostragem aleatória simples; na imagem (b), amostragem aleatória estratificada; em (c), amostragem em dois estágios; em (d), amostragens agrupadas; em (e), amostragem sistemática em grades; e em (f), amostragem aleatória em grades.

Figura 2.5 – Esquema representativo dos métodos de amostragem em uma linha do tempo (amostragem temporal)

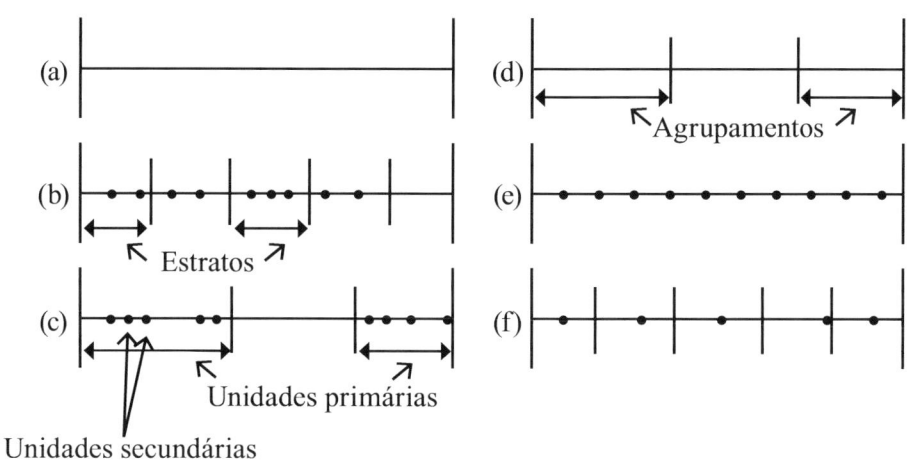

Fonte: Elaborado com base em Gilbert, 1987, p. 22, tradução nossa.

Exercício resolvido 2.1

Desejamos fazer o monitoramento de oxigênio dissolvido em uma lagoa ao longo do tempo. Considerando que o teor de oxigênio dissolvido varia conforme a profundidade da lagoa e em diferentes regiões desta, também será preciso fazer a amostragem em diferentes posições no espaço.

Para verificar quantas amostras precisarão ser coletadas, elabore o planejamento desse monitoramento. Considere que será necessário obter as amostras em duplicata.

Resolução

O primeiro passo será a confecção de um quadro para melhor organizar os dados coletados e fazer a previsão do número de amostras que serão necessárias. O Quadro 2.1 descreve a estrutura do planejamento espaço-temporal de amostragem.

Além de considerar a amostragem no espaço e no tempo, o quadro também contempla a necessidade de trabalhar com duplicata das amostras.

As duplicatas nas amostras temporais foram chamadas de T_1 e T_2 e, nas amostras espaciais, foram chamadas de S_1 e S_2.

Para o planejamento, foram consideradas três profundidades diferentes e classificadas como pontos verticais de coleta (V_{11}, V_{12}, V_{13}, com as duplicatas V_{21}, V_{22} e V_{23}).

Horizontalmente, foram escolhidos cinco pontos diferentes para coleta, representados pela letra H no Quadro 2.1. Foram feitas coletas em quatro períodos diferentes do dia (T_{11}, T_{12}, T_{13} e T_{14}, com as duplicatas T_{21}, T_{22}, T_{23} e T_{24}).

Sendo assim, com o planejamento elaborado, observamos que serão necessárias, no total, 240 amostras.

Quadro 2.1 – Estrutura estabelecida para um plano de amostragem espaço-temporal

Amostras espaciais	Localização dentro dos espaços amostrais		Amostras temporais							
			T_1				T_2			
	Posição vertical	Posição horizontal	T_{11}	T_{12}	T_{13}	T_{14}	T_{21}	T_{22}	T_{23}	T_{24}
S_1	V_{11}	H_{111}								
		H_{112}								
		H_{113}								
		H_{114}								
		H_{115}								
	V_{12}	H_{121}								
		H_{122}								
		H_{123}								
		H_{124}								
		H_{125}								
	V_{13}	H_{131}								
		H_{132}								
		H_{133}								
		H_{134}								
		H_{135}								

(continua)

(Quadro 2.1 – conclusão)

Amostras espaciais	Localização dentro dos espaços amostrais		Amostras temporais							
	Posição vertical	Posição horizontal	T_1				T_2			
			T_{11}	T_{12}	T_{13}	T_{14}	T_{21}	T_{22}	T_{23}	T_{24}
S_2	V_{21}	H_{211}								
		H_{212}								
		H_{213}								
		H_{214}								
		H_{215}								
	V_{22}	H_{221}								
		H_{222}								
		H_{223}								
		H_{224}								
		H_{225}								
	V_{23}	H_{231}								
		H_{232}								
		H_{233}								
		H_{234}								
		H_{235}								

2.3.4 Método de amostragem espaço-temporal por meio de pesquisa

A amostragem por meio de pesquisa é feita para localizar fontes de poluição ou pontos com elevada concentração de poluentes.

Para uma amostragem desse tipo com grande precisão, é preciso medir todas as unidades da população. Na prática, esse método de amostragem torna-se muito dispendioso e, muitas vezes, impossível de operacionalizar.

Normalmente, ele é aplicado em casos específicos, quando é extremamente necessário detectar pontos de grande contaminação ou de algum poluente extremamente tóxico – por exemplo, para detecção de áreas com elevada radiação em torno de instalações nucleares.

2.3.5 Espaçamento entre amostras ao longo do tempo e/ou espaço

Muitas vezes, um programa de monitoramento é utilizado com amostragem espaço-temporal para estimar tendências de longo prazo, identificar a existência de ciclos sazonais ou prever padrões de contaminações. Para isso, é necessário admitir pontos amostrais igualmente espaçados.

A definição do espaçamento das amostragens precisa estar de acordo com o objetivo do monitoramento. Por exemplo, diferentes frequências e espaçamentos serão utilizados quando desejamos informações sobre uma característica de média, valores máximos, valores mínimos ou apenas uma caracterização instantânea de um determinado ponto de coleta.

O espaçamento entre pontos amostrais na amostragem espacial já foi discutido na Seção 2.2.2.3, sobre amostragem em grades.

Com relação ao espaçamento de planos de amostragem no tempo, é preciso cuidarmos para que esse espaçamento não contribua para que a média estimada seja resultado de algum padrão de repetição no tempo. Por exemplo, dependendo do objetivo da amostragem, devemos evitar um espaçamento de sete dias para colher as amostras, porque, nesse caso, a análise poderá refletir o padrão de repetição de um determinado dia da semana. Um caso desse tipo é o monitoramento da qualidade do ar, em que devemos tomar o cuidado para as amostragens não serem colhidas apenas nos finais de semana, por exemplo.

SÍNTESE

Neste capítulo, vimos, de forma mais aprofundada, como estruturar um plano de amostragem. Verificamos também que algumas etapas devem ser estruturadas para obtermos um protocolo detalhado de trabalho e de execução do monitoramento ambiental.

A Figura 2.6 ilustra um esquema representativo das etapas que devem ser consideradas para elaborar um plano de amostragem, discutidas neste capítulo.

Figura 2.6 – Esquema representativo das etapas que envolvem um plano de amostragem

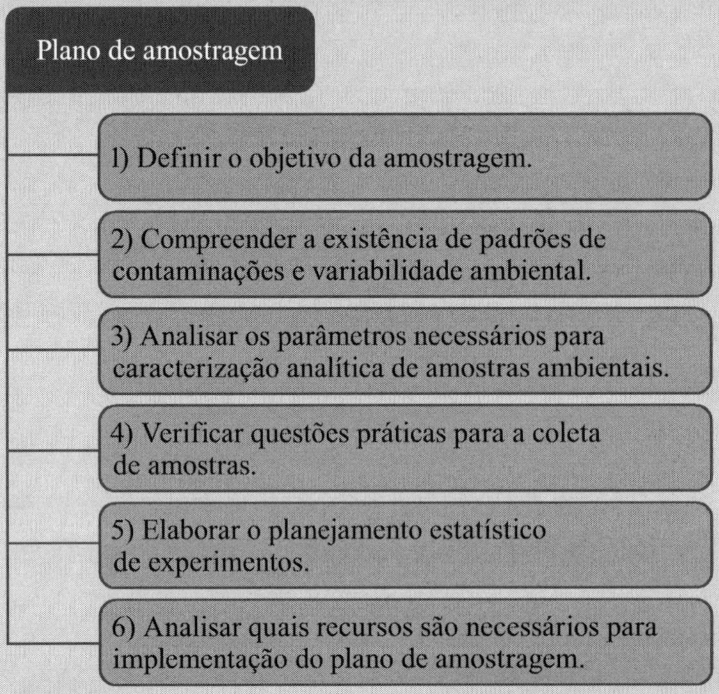

Plano de amostragem

1) Definir o objetivo da amostragem.

2) Compreender a existência de padrões de contaminações e variabilidade ambiental.

3) Analisar os parâmetros necessários para caracterização analítica de amostras ambientais.

4) Verificar questões práticas para a coleta de amostras.

5) Elaborar o planejamento estatístico de experimentos.

6) Analisar quais recursos são necessários para implementação do plano de amostragem.

Vimos que a primeira etapa é essencial para entender e definir o objetivo da amostragem. Além disso, para estruturar o protocolo de trabalho, vimos que é fundamental compreender se existem e quais são os padrões de contaminação e a presença de alguma variabilidade ambiental. Considerações práticas também devem ser levadas em conta já durante o plano de amostragem a fim de prevermos limitações de operação e como superá-las para obtermos os dados ambientais. O planejamento deve estar associado aos métodos estatísticos que serão utilizados para analisar os dados.

Há métodos estatísticos com suposições e, caso a forma de amostragem não atenda a estas, as dificuldades da análise serão ampliadas, aumentando também as incertezas nos resultados.

A etapa de delineamento do experimento é o processo mais crítico de todo o estudo e é o que, muitas vezes, exige mais tempo para ser executado. Além disso, no planejamento do monitoramento, devemos levar em consideração o custo-benefício dos métodos de amostragem possíveis para escolhermos o ideal.

Diferentes estratégias de amostragem foram apresentadas neste capítulo, bem como as diferenças fundamentais entre elas. Apresentamos a amostragem aleatória, a estratificada e a sistemática. Além disso, destacamos o método sistemático de amostragem por grades, por meio do qual podemos determinar um gradeamento de diferentes geometrias produzindo células de amostragem.

Na Figura 2.7, vemos um organograma com as estratégias de amostragem apresentadas neste capítulo.

Figura 2.7 – Organograma das estratégias de amostragem abordadas neste livro

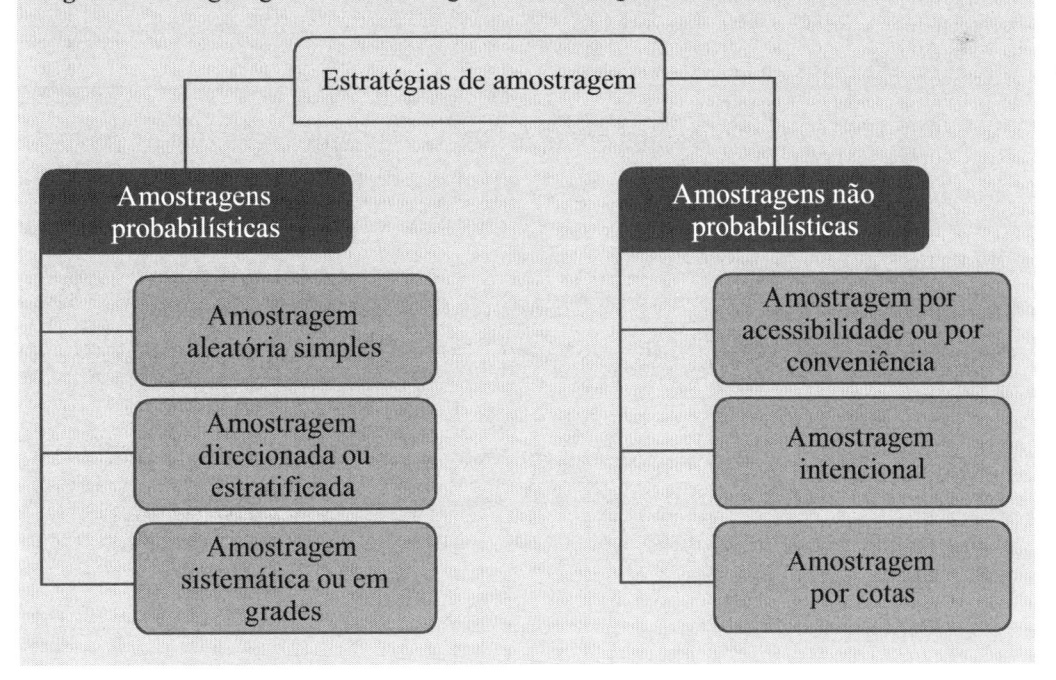

Em alguns casos, o ambiente e/ou o fenômeno analisado no monitoramento ambiental apresentam características específicas no tempo e no espaço, razão por que devemos elaborar um planejamento espaço-temporal de amostragem. Existem algumas estratégias de amostragem específicas para definir quando e onde fazer a coleta das amostras. Assim, abordamos como definir o espaçamento da amostragem espaço-temporal.

Para o sucesso de um monitoramento e/ou estudo ambiental, precisamos conhecer o ambiente analisado para podermos delinear a execução do estudo. Como vimos, o planejamento de amostragem envolve diversas etapas, tornando esse processo demorado, dependendo do que será medido e da complexidade do estudo em questão.

Sendo assim, é importante ter em mente que um estudo ambiental de qualidade poderá requerer um longo tempo de planejamento para alcançarmos sucesso na execução da coleta. Devemos, portanto, levar em consideração que, se um projeto está sendo feito, esse tempo de preparo é um dos mais importantes e o que poderá tomar mais tempo.

QUESTÕES PARA REVISÃO

1) Desejamos avaliar a concentração de dióxido de nitrogênio na atmosfera em uma determinada cidade. Sabemos que o dióxido de nitrogênio tem um tempo de vida na atmosfera de uma dia e que, naquele local, ele provém, principalmente, de automóveis. Qual deverá ser a frequência de amostragem e o espaçamento entre as coletas?

2) O planejamento de monitoramento ambiental está sendo desenvolvido para avaliar a qualidade do ar e compreender quais são os principais poluentes e as principais fontes de poluição. Sabendo o objetivo do monitoramento ambiental, como decidir onde instalar os pontos de coleta de amostras do ar?

3) Desejamos monitorar a quantidade de poluentes presentes em águas residuárias de efluentes para que sejam reutilizados no processo produtivo. Para isso, um plano de amostragem está sendo preparado. Assinale a alternativa correta sobre o plano de amostragem:

   a. Devemos entender os processos industriais para saber se existe algum perfil de lançamento e de tratamento dos efluentes e, assim, definir o número e o espaçamento mais apropriado das coletas de amostras.

   b. Quanto maior o número de coletas feitas no mês, melhor será para atingir os objetivos determinados para o monitoramento.

   c. Devemos fazer, no mínimo, uma coleta por dia.

   d. Devemos fazer uma coleta por turno de trabalho.

   e. O número de coletas não é uma informação importante para colocarmos no plano de amostragem, apenas o espaçamento entre elas.

4) Um plano de amostragem está sendo preparado para monitorar a contaminação de trabalhadores expostos a um determinado poluente. O monitoramento ocorrerá por meio de coletas de sangue desses trabalhadores. Assinale a alternativa correta sobre o planejamento da amostragem:

   a. A escolha dos trabalhadores que serão monitorados não é importante, pois, se um estiver contaminado, todos estarão.

   b. Independentemente do número de funcionários, todos deverão ser monitorados para obtermos uma conclusão confiável por meio do monitoramento ambiental.

   c. Será preciso fazer uma coleta todo dia para compreendermos o perfil de contaminação no mês.

   d. Com certeza, não será preciso fazer coletas nos finais de semana.

   e. É preciso pesquisar informações existentes sobre os efeitos e o comportamento do poluente no corpo humano, como o tempo em que será expelido pelo organismo, para determinar o horário ideal de coleta.

5) Assinale a alternativa correta sobre a amostragem em grades:

   a. A amostragem em grades utiliza como estratégia a amostragem aleatória, e a amostra pode ser coletada em qualquer ponto dentro da célula.

   b. A amostragem em grades utiliza a estratégia de amostragem estratificada, em que cada célula é um estrato da população.

   c. A amostragem em grades utiliza a estratégia de amostragem sistemática, dividindo um espaço de monitoramento em células para serem amostradas, garantindo que todo o espaço seja analisado.

   d. A amostragem em grades é desvantajosa, pois gera grande quantidade de dados, tornando-se um método extremamente caro.

   e. A amostragem em grades utiliza a estratégia de amostragem sistemática, dividindo um espaço de monitoramento em células para serem amostradas, porém sem garantir que todo o espaço seja analisado.

QUESTÕES PARA REFLEXÃO

1) Elabore um texto escrito sobre quais fatores devem ser levados em consideração para monitorar a poluição atmosférica proveniente de uma indústria. Justifique sua escolha.

2) Uma planta de produtos químicos despeja seu efluente contendo componentes tóxicos em um rio em intervalos desconhecidos. Quais as vantagens de utilizarmos a amostragem aleatória simples, a estratificada e a sistemática para estimarmos a concentração média semanal de poluentes na água? Justifique sua resposta.

Conteúdos do capítulo:

- Análises estatísticas conforme o método de amostragem.
- Amostragem dupla.
- Representações gráficas.
- Dados discrepantes e dados censurados.
- *Softwares* para problemas estatísticos.

Após o estudo deste capítulo, você será capaz de:

1. identificar as diferenças nas análises estatísticas conforme o método de amostragem selecionado;
2. utilizar o método de amostragem dupla para validar uma técnica menos precisa de análise de dados ambientais;
3. aplicar os principais tipos de representações gráficas para apresentar os dados ambientais;
4. reconhecer dados discrepantes e dados censurados e proceder com a análise estatística na presença desses dados;
5. utilizar algumas ferramentas computacionais que podem auxiliar em análises estatísticas.

3

Análise exploratória de dados ambientais

3.1 Estimação da média e da variância conforme o método de amostragem

Como vimos até aqui, o monitoramento ambiental gera grande quantidade de dados, que precisam ser trabalhados de forma exploratória e ser analisados com métodos estatísticos para obtermos melhor direcionamento na tomada de decisão e na compreensão do evento ambiental analisado.

Com base em técnicas estatísticas, é possível organizar e analisar os dados obtidos com o monitoramento ambiental e explorar a existência de correlações para entendermos o evento ambiental analisado com profundidade, assim como avaliarmos as incertezas analíticas associadas às medidas ambientais analisadas.

A primeira etapa de uma análise estatística é a análise exploratória, pois é preciso compreender as características dos dados provenientes de uma população. Essas características devem ser levadas em consideração no planejamento do método estatístico a ser utilizado para não chegarmos a conclusões equivocadas sobre a realidade dos dados ambientais utilizados.

Em geral, os dados ambientais apresentam as seguintes características estatísticas (Reimann et al., 2011; Sabino; Lage; Almeida, 2014):

- distribuição não normal e assimétrica positiva;
- sazonalidade;
- correlação com variáveis não controláveis;
- dados discrepantes.

Esses atributos podem ser investigados em meio a uma análise exploratória dos dados e, com isso, estabelecer uma abordagem estatística mais apropriada para análises estatísticas posteriores.

Na análise exploratória de dados, são calculadas medidas de tendência central, de dispersão e de assimetria, além de serem construídos gráficos, como histogramas, *boxplots*, de barras, de setores, de dispersão, entre outros. Assim, é possível obter informações sobre a distribuição dos dados, relacionar variáveis, observar dados discrepantes, assimetrias etc.

Como vimos no Capítulo 1, a primeira etapa da análise estatística de dados ambientais é uma sumarização desses dados por meio de cálculos de algumas medidas, como média aritmética simples, mediana e outras.

A seguir, abordaremos os principais métodos estatísticos, a média e a variância, dependendo do plano de amostragem discutido anteriormente, como os métodos de amostragem aleatória simples e estratificada e a amostragem sistemática.

3.1.1 Análise estatística para amostragem aleatória simples

Como vimos anteriormente, no caso de populações relativamente homogêneas, a amostragem aleatória simples pode ser utilizada de forma eficiente. Nesses casos, é possível descrever as características da população por meio de estimativas da média e da variância. Assumindo que a medida da i-ésima (x_i) unidade da população seja:

Equação 3.1

$$x_i = \mu + d_i + e_i = \mu_i + e_i$$

em que μ é a verdadeira média de todas as unidades da população analisada, d_i é a quantidade pela qual o valor verdadeiro da i-ésima unidade, μ_i, difere de μ, e e_i é referente à incerteza de medição, ou seja, a quantidade pela qual o valor medido para a unidade i, x_i difere do valor verdadeiro μ_i, ou seja, $e_i = x_i - \mu_i$ (Gilbert, 1987).

Considerando e_i um erro sistemático referente à coleta das amostras ou vieses de manuseio e que a média de e_i seja zero, a média da concentração da i-ésima unidade da população N será:

Equação 3.2

$$\mu = \frac{1}{N}\sum_{i=1}^{N}\mu_i$$

E, segundo Martins e Domingues (2017), a variância populacional de uma variável aleatória será:

Equação 3.3

$$\sigma^2 = \frac{1}{N}\sum_{i=1}^{N}(X_i - \mu)^2$$

Como é frequentemente impossível, ou muito caro, medir todas as N unidades de uma população, os parâmetros populacionais μ e σ^2 são desconhecidos.

No caso da amostragem aleatória simples, é possível, então, elaborar estimativas estatisticamente não tendenciosas de μ e σ^2, calculadas, respectivamente, por meio de *n* amostras:

Equação 3.4

$$\overline{x} = \frac{1}{n}\sum_{i=1}^{n} x_i$$

e

Equação 3.5

$$s^2 = \frac{1}{n-1}\sum_{i=1}^{n}\left(x_i - \overline{x}\right)^2$$

Uma medida do erro de amostragem aleatória em $\overline{x}$ é a sua variância, $Var(\overline{x})$, e, no caso em que a amostragem aleatória simples é usada, pode ser calculada por:

Equação 3.6

$$Var(\overline{x}) = \frac{1}{n}(1-f)\sigma^2$$

Sendo que $f = n/N$ é a fração de amostragem que realmente foi medida da população N.

E a estimação imparcial de $Var(\overline{x})$ calculada por meio dos *n* dados será quando os valores de x_i não são correlacionados:

Equação 3.7

$$s^2(\overline{x}) = \frac{1}{n}(1-f)s^2$$

O erro-padrão de $\overline{x}$ será:

Equação 3.8

$$s(\overline{x}) = s\sqrt{\frac{1-f}{n}}$$

Incertezas de medição podem influenciar nos valores de $\bar{x}$ e $s^2(\bar{x})$. Se existir um viés de medição constante, então, $\bar{x}$ também terá esse mesmo viés, enquanto $s^2(\bar{x})$ será afetado apenas por um viés de medição de magnitude diferente de uma unidade para outra.

Exercício resolvido 3.1

Desejamos produzir um novo automóvel com tecnologia que garante uma redução na emissão de monóxido de carbono (CO). Em um primeiro lote, foram produzidos 200 carros com essa nova tecnologia.

Para comparar com outro automóvel já comercializado, foi feito um monitoramento para estimar a média de emissões de monóxido de carbono (CO) por hora desse novo automóvel, em um ambiente controlado.

O monitoramento da emissão de CO por hora foi feito em apenas sete carros dos 200 fabricados. Os valores obtidos das concentrações de CO por hora, em um ambiente controlado, para os sete carros analisados, foram 20, 25, 21, 32, 18, 24 e 23 ppm.

Determine as emissões de CO por hora estimadas para os 200 carros produzidos.

Resolução

A média ($\bar{x}$) das sete amostras selecionadas será:

$$\bar{x} = \frac{1}{n}\sum_{i=1}^{n} x_i = \frac{(20 + 25 + 21 + 32 + 18 + 24 + 23)}{7} = 23,29 \text{ppm}$$

Com $N = 200$ veículos, $f = n/N = 7/200 = 0,035$

E o valor de s será

$$s^2 = \frac{1}{n-1}\sum_{i=1}^{n}(x_i - \bar{x})^2 =$$

$$\frac{1}{7-1} \cdot \left[\begin{array}{l} (20 - 23,29)^2 + (25 - 23,29)^2 + (32 - 23,29)^2 + \\ (18 - 23,29)^2 + (24 - 23,29)^2 + (23 - 23,29)^2 \end{array} \right]$$

$$s^2 = \frac{1}{6} \cdot [10,8241 + 2,9241 + 75,8641 + 27,9841 + 0,5041 + 0,0841]$$

$$s^2 = \frac{118,1846}{6} = 19,6974$$

$$s = 4,44$$

Sendo assim, o desvio-padrão ($s(\bar{x})$) poderá ser estimado por:

$$s(\bar{x}) = s\sqrt{\frac{1-f}{n}} = 4,44\sqrt{\frac{1-0,035}{7}}$$

$$s(\bar{x}) = 4,44 \cdot 0,3713 = 1,65 \text{ppm}$$

Logo, as emissões totais estimadas serão de

$$N\overline{x} = 200 \cdot 23,29 = 4657,14 \, ,$$

com um desvio padrão de

$$Ns(\overline{x}) = 200 \cdot 1,65 = 330ppm \, .$$

3.1.2 Análise estatística para amostragem aleatória estratificada

Quando a população-alvo não for homogênea, a amostragem aleatória simples não será eficiente para representar a população – por exemplo, quando as concentrações variam de região para região, ou conforme tendências ao longo do tempo. Nesses casos, outras metodologias de amostragem precisam ser utilizadas, como a amostragem aleatória estratificada ou a amostragem sistemática.

Na amostragem aleatória estratificada, por meio de conhecimento prévio, a população, de N unidades é dividida em subgrupos ou estratos internamente homogêneos (Gilbert, 1987).

Em outras palavras, essas N unidades são divididas em L estratos sem sobreposição, de modo a reduzir a variabilidade do fenômeno dentro dos estratos em relação à variabilidade em toda a população de N unidades.

Esses subgrupos são amostrados por meio de amostragem aleatória simples e valores de média e de variância podem ser determinados, conforme discutimos anteriormente.

Para determinar a média de toda a população, calculamos uma média ponderada usando pesos diferentes para cada estrato. Sendo que, para um determinado estrato h, seu peso (Wh) é determinado pela razão entre o número de amostras naquele estrato (Nh) em relação ao número total de amostras N, ou seja, $W_h = N_h \, / \, N$.

O QUE É

Média ponderada considera que os elementos podem ter diferentes pesos para a determinação da média e é determinada pela soma do produto de cada elemento pelo seu respectivo peso, dividida pela soma dos pesos.

A Equação 3.9 representa a média μ de uma população de N unidades, sendo que μ_h representa a média de um determinado estrato amostral:

Equação 3.9

$$\mu = \frac{1}{N}\sum_{h=1}^{L} N_h \mu_h = \sum_{h=1}^{L} W_h \mu_h$$

E a média verdadeira de um determinado estrato h pode ser determinada por:

Equação 3.10

$$\mu_h = \frac{1}{N_h}\sum_{i=1}^{N_h}\mu_{hi}$$

O número de unidades medidas no estrato h será denotado por n_h. Selecionando aleatoriamente n unidades do estrato h, uma estimativa da média do estrato h, denotada por μ_h, poderá ser calculada por:

Equação 3.11

$$\overline{x}_h = \frac{1}{n_h}\sum_{i=1}^{n_h}x_{hi}$$

E uma estimativa da média da população μ será:

Equação 3.12

$$\overline{x}_{st} = \sum_{h=1}^{L}W_h\overline{x}_h$$

Como apenas uma parte das unidades populacionais em cada estrato foi medida, a média estimada $\overline{x}_{st}$ para a população apresentará alguma incerteza, devido ao procedimento de amostragem, e poderá ser expressa em termos da variância amostral:

Equação 3.13

$$s^2\left(\overline{x}_{st}\right) = \sum_{h=1}^{L}\frac{W_h^2 s_h^2}{n_h}$$

3.1.3 Análise estatística para amostragem sistemática

Com a amostragem sistemática, apenas uma das unidades é selecionada aleatoriamente, estabelecendo um ponto de partida para obtermos um padrão sistemático e poder resultar em estimativas mais precisas das concentrações médias.

Normalmente, a amostragem sistemática é utilizada para estimar tendências de longo prazo, prever concentrações de poluição e até definir ciclos sazonais. Para isso, utilizamos pontos de observação igualmente espaçados em k intervalos predeterminados.

A amostragem sistemática proporciona uma cobertura uniforme da população, podendo resultar em estimativas mais precisas das concentrações médias (Mason; Gunst; Hess, 2003).

A amostragem sistemática, no entanto, pode proporcionar estimativas enganosas e tendenciosas de média, por exemplo, quando a amostragem de uma população é feita com periodicidades insuspeitas ao longo do tempo e/ou do espaço. Dependendo da sequência de coletas, as amostras podem estar correlacionadas entre si, e isso seria uma inserção de viés na amostra.

Além disso, a amostragem sistemática apresenta certa dificuldade para estimar, de forma precisa, o erro de amostragem da média estimada. É preciso analisar as características da população, como a existência de tendências, padrões e pontos quentes com elevadas concentrações (Mason; Gunst; Hess, 2003), e, com essas informações, decidir o método de amostragem ideal, que proporcionará a menor variância e representará, de forma mais eficiente, a população.

As mesmas fórmulas utilizadas para determinar a média populacional (μ), quando temos a amostragem aleatória simples, podem ser usadas para a amostragem sistemática. No entanto, o mesmo não se aplica para estimarmos a variância (Var ($\bar{x}$)), a qual só será válida se as unidades populacionais amostradas estejam completamente em ordem aleatória.

Se duas ou mais amostras sistemáticas forem selecionadas de forma estratificada, a variância para cada estrato poderá ser obtida por:

Equação 3.14

$$s^2(\bar{x}) = \frac{\left(1 - \dfrac{J}{k}\right)}{J(J-1)} \sum_{j=1}^{J} \left(\overline{x_j} - \bar{x}\right)^2$$

J é o número de amostras sistematicamente obtidas (Gilbert, 1987).

A média e o desvio-padrão dos estratos combinados poderão ser estimados da mesma forma que foi discutido para o método de amostragem estratificada.

EXEMPLIFICANDO

Pretendemos controlar a poluição do ar e, para isso, utilizamos uma estação de monitoramento do ar. Planejamos uma amostragem ao longo do tempo para estimarmos a média anual μ da concentração de um determinado poluente naquele local, com uma medida a cada dia do ano.

A população, nesse caso, será a concentração de poluentes no período de tempo de 365 dias. Desejamos estimar a concentração diária de poluentes em um ano, ou seja, temos 365 unidades populacionais.

As medições do ar serão feitas por meio de filtros de ar expostos por períodos de 24 horas. Optamos por utilizar uma amostragem sistemática dessas N unidades para obter uma estimativa de μ. Para isso, definimos um intervalo k de cinco dias como o período entre os tempos de coleta.

Uma amostra de ar de 24 horas é, então, coletada a cada cinco dias. O número de amostras coletadas, portanto, será $n = N / k = 365 / 5 = 73$

A média $\bar{x}$ dos valores n é uma estimativa da verdadeira média μ das N unidades populacionais.

O conhecimento da estrutura da população favorece um plano de amostragem sistemático mais direcionado e, com isso, determina-se a melhor análise estatística a ser aplicada. O uso da amostragem sistemática em populações em ordem aleatória e com tendências lineares será discutido a seguir.

Amostragem sistemática em populações em ordem aleatória

A amostragem sistemática em populações em ordem aleatória poderá ser aplicada quando se trata de uma população em que não há tendências nas concentrações, nem regiões dentro da população com concentrações localmente elevadas, e, ainda, em que as concentrações das unidades populacionais não são correlacionadas.

Nesses casos, uma amostragem sistemática de n observações estimará a média verdadeira com a mesma precisão de uma amostra aleatória simples, de mesmo tamanho de n amostras e com a mesma precisão de uma amostra aleatória estratificada, com uma observação em cada um dos n estratos.

Amostragem sistemática em populações com tendência linear

Não podem ser utilizadas amostragens sistemáticas de ordem aleatória nos casos de existência de tendências lineares, ou seja, com gradiente (padrão) no ambiente a ser amostrado. É o caso de um poluente proveniente de uma determinada fonte pontual. Nesse caso, as concentrações apresentarão uma tendência linear de aumento quando próximas ao ponto de emissão do poluente e diminuirão linearmente conforme determinamos pontos de coleta afastados da fonte de emissão.

Nesses casos de tendência linear, a amostragem sistemática fornecerá um valor de variância, em média, menor do que a variância obtida com a amostragem aleatória simples e maior do que a variância obtida com o método de amostragem estratificada (Gilbert, 1987).

Uma estratégia para melhorar a estimativa da média por amostragem sistemática é utilizarmos uma estimativa por meio de uma média ponderada.

3.1.4 Amostragem dupla

Como vimos nos capítulos anteriores, a caracterização da amostra por métodos analíticos pode ser feita em campo ou a amostra pode ser transportada para ser analisada em laboratório. Ambas as práticas apresentam vantagens e desvantagens.

Por um lado, a análise em campo é mais fácil, diminui possíveis erros e riscos relacionados ao transporte e ao armazenamento da amostra e garante economia de tempo para obtermos um resultado e uma tomada de decisão. Por outro lado, a análise em campo pode ser menos precisa do que uma análise feita com rigor, em equipamentos laboratoriais.

Para analisar o quanto falível é uma técnica em relação a outra e garantir a viabilidade dos resultados obtidos por uma técnica menos precisa, é possível coletar uma amostragem dupla, ou seja, fazer a análise em ambas as técnicas em um número relativamente pequeno de amostras.

Com as informações obtidas nessa amostragem dupla, é possível analisar e tomar a decisão sobre a viabilidade do método menos preciso para ser utilizado em um número maior de amostras.

Essa abordagem pode ser uma solução econômica interessante se o método menos preciso for substancialmente menos custoso do que o método mais preciso. Para isso, porém, a correlação linear entre os resultados obtidos por ambos os métodos nas mesmas amostras precisa apresentar correlação linear próxima de 1.

Para analisar a correlação linear entre dois métodos analíticos distintos, consideramos a suposição de que existe uma relação linear entre os métodos mais precisos e menos precisos. Para verificar essa suposição, seguimos os seguintes passos, conforme apresentado por Gilbert (1987):

1. Uma amostra aleatória de n' unidade da população é selecionada.
2. Dentre as n' unidades, uma amostra aleatória de n unidades é separada. Cada uma das n unidades é analisada por ambos os métodos, o mais preciso e o menos preciso, obtendo as medidas x_{Ai} e x_{Bi}, respectivamente, para as i-ésimas amostras.
3. As unidades restantes da diferença entre n' e n, ou seja, $n' - n$, são medidas apenas pelo método menos preciso.
4. A estimativa da média da população (μ) será obtida por $\overline{x}_{rl}$ (rl significa *regressão linear*), conforme a Equação 3.15:

Equação 3.15

$$\overline{x}_{rl} = \overline{x}_A + b\left(\overline{x}_{n'} - \overline{x}_B\right)$$

Sendo que:

- $\overline{x}_A$ e $\overline{x}_B$ são as médias das n medições feitas pelo método mais preciso e o método menos preciso, respectivamente;
- $\overline{x}_{n'}$ representa a média dos n' valores medidos pelo método menos preciso;
- b é a inclinação da regressão linear estimada dos valores mais precisos pelos valores obtidos com o método menos preciso, sendo obtido por:

Equação 3.16

$$b = \frac{\sum_{i=1}^{n}\left(x_{Ai} - \overline{x}_A\right)\left(x_{Bi} - \overline{x}_B\right)}{\sum_{i=1}^{n}\left(x_{Bi} - \overline{x}_B\right)^2}$$

5. A variância estimada de $\overline{x}_{rl}$ será obtida por:

Equação 3.17

$$s^2\left(\overline{x}_{rl}\right) = s_{A.B}^2\left[\frac{1}{n} + \frac{\left(\overline{x}_{n'} - \overline{x}_B\right)}{(n-1)s_B^2}\right] + \frac{s_A^2 - s_{A.B}^2}{n'} - \frac{s_A^2}{N}$$

Sendo:

- s_A^2 e s_B^2 são as variâncias das n medidas verificadas pelo método mais preciso e o método menos preciso, respectivamente;
- $s_{A.B}^2$ é a variância residual da linha estimada da regressão linear.

O desvio-padrão de $\overline{x}_{rl}$ será a raiz quadrada de $s^2\left(\overline{x}_{rl}\right)$.

3.2 Representações gráficas

Uma etapa fundamental do tratamento de dados ambientais em análises estatísticas é representar esses dados de forma visual, por meio de algum tipo de gráfico. Com os gráficos, é possível visualizar os fatos representados pelas variáveis monitoradas.

Um gráfico pode facilitar a compreensão dos dados e a obtenção de algumas orientações sobre o estudo em questão (Morettin; Bussab, 2017).

3.2.1 Histogramas

Uma maneira de representar um conjunto de dados é por meio de histogramas, também chamados de *distribuições de frequência*.

Representado por dados quantitativos em intervalos de classe ou células, o histograma é uma forma visual de observarmos a distribuição das probabilidades dos dados (Becker, 2015).

O número de intervalos de classes é definido por meio de algum julgamento feito para cada caso e vai depender do número de observações e da característica da dispersão dos dados. Na prática, o número de intervalos de classe é determinado, aproximadamente, pela raiz quadrada do número de observações (Montgomery; Runger, 2021).

O Gráfico 3.1 é um exemplo de um conjunto de dados representado por meio de um histograma. Nele, estão apresentados os dados de um estudo de monitoramento da presença de material particulado na saída da chaminé de uma indústria de cimento que ocorreu durante os dias úteis ao longo de um mês.

Pelo histograma apresentado, podemos observar concentrações entre 56 e 70 ppm de material particulado.

Gráfico 3.1 – Exemplo de um histograma

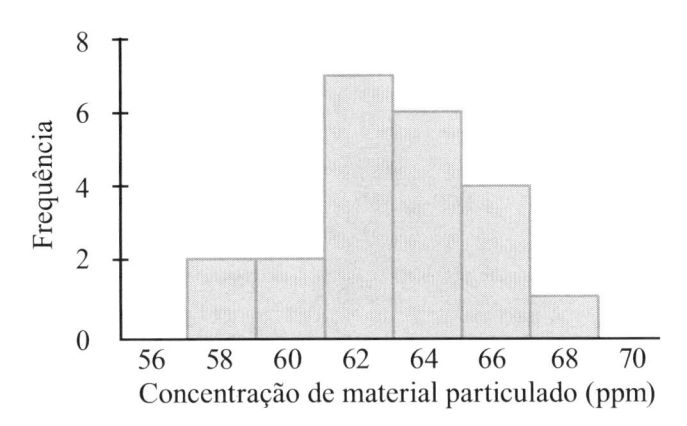

Um histograma pode ser utilizado como um indicador da forma de distribuição dos dados amostrais e até da população, quando o número de amostras for grande o suficiente (Montgomery; Runger, 2021).

O Gráfico 3.2 ilustra exemplos de três histogramas com diferentes distribuições: uma distribuição simétrica e distribuições assimétricas à esquerda e à direita. Quando os dados forem simétricos, a média, a moda e a mediana irão coincidir, como na imagem (a) do Gráfico 3.2.

Nos casos de distribuição assimétrica, os dados estarão deslocados, com uma longa cauda para um lado, então, a média, a moda e a mediana não irão coincidir, como nas imagens (b) e (c) do Gráfico 3.2.

Comumente, observaremos que a distribuição assimétrica ocorre quando há a presença de dados discrepantes ou devido à natureza aleatória da característica de interesse. Dados discrepantes serão discutidos em breve neste capítulo.

Gráfico 3.2 – Exemplos de histogramas com diferentes perfis de simetria: (a) histograma simétrico; (b) histograma com assimetria negativa ou deslocada para esquerda; (c) histograma com assimetria positiva ou deslocada para direita

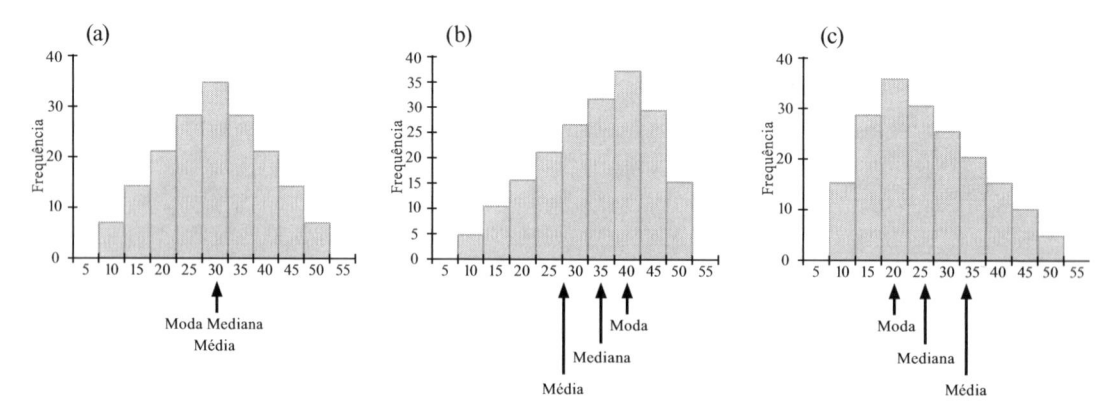

3.2.2 *Boxplot*

Um *boxplot*, ou diagrama de caixa, é uma representação gráfica que apresenta diversas informações estatísticas do conjunto de dados analisados. Com o diagrama de caixa, é possível visualizar rapidamente informações como o mínimo, o máximo, o primeiro, o segundo e o terceiro quartil e dados discrepantes, como podemos observar na Figura 3.1.

Figura 3.1 – Exemplo de diagrama de caixa, indicando os elementos presentes em um diagrama desse tipo, sendo que o eixo vertical representa a escala da variável aleatória

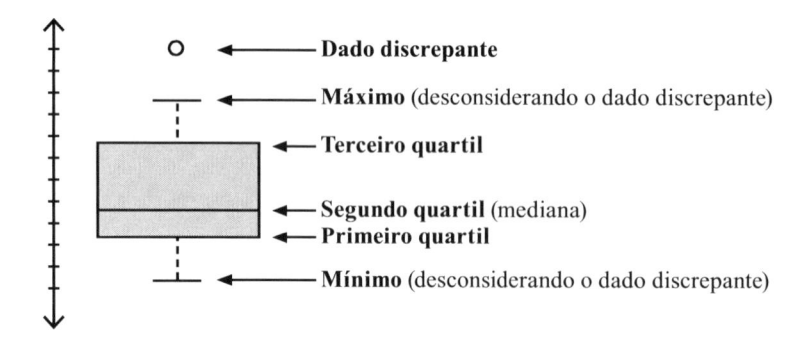

O QUE É

Quartis são conjuntos de dados que dividem uma amostra em quatro partes iguais. O primeiro (Q_1), o segundo (Q_2) e o terceiro (Q_3) quartis dividem o conjunto de dados em quartos.

Percentis são medidas que separam o conjunto de dados em frações percentuais. Assim, $P_{25} = Q_1$, que representa 25% dos dados que são menores do que ou iguais a esse valor; $P_{50} = Q_2$, que representa 50% dos dados que são menores ou iguais a esse valor e que coincide com a mediana; e $P_{75} = Q_3$, que são 75% dos dados menores ou iguais a esse valor.

3.2.3 Diagramas de dispersão

O diagrama de dispersão é uma representação gráfica que indica a relação entre duas variáveis quantitativas, cada uma delas representada por cada um dos eixos do diagrama (Becker, 2015).

Dados multivariados também podem ser representados por meio do diagrama de dispersão, podendo ser utilizado um diagrama de dispersão tridimensional ou a análise de duas em duas variáveis, por meio de uma matriz de diagramas de dispersão, conforme ilustra a Figura 3.2.

Figura 3.2 – Exemplo de uma matriz de dispersão para analisar a relação entre diferentes variáveis

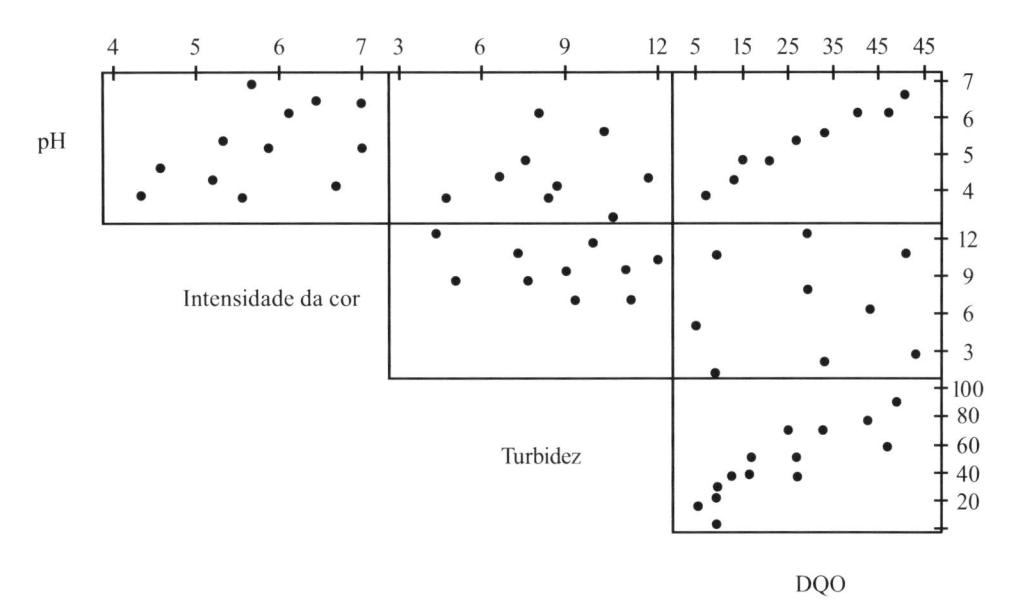

Com o diagrama de dispersão, é possível observar alguns padrões na relação entre duas variáveis de forma simples, como identificar alguma relação de linearidade entre os dados.

Para determinar a existência de uma relação linear entre duas variáveis X e Y, também é possível determinar o coeficiente de correlação da amostra (r_{xy}), conforme a Equação 3.18:

Equação 3.18

$$r_{xy} = \frac{\sum_{i=1}^{n} y_i \left(x_i - \bar{x} \right)}{\left[\sum_{i=1}^{n} \left(y_i - \bar{y} \right)^2 \sum_{i=1}^{n} \left(x_i - \bar{x} \right)^2 \right]^{1/2}}$$

Quanto mais próximo de $r_{xy} = 1$, maior a relação de linearidade entre as amostras. Se, entretanto, nenhuma relação de linearidade existir, r_{xy} se aproxima de zero.

Determinar a relação de linearidade entre duas variáveis é uma informação importante para sabermos qual método de regressão devemos utilizar para analisar os dados, conforme veremos no próximo capítulo.

3.3 Dados discrepantes

Valores discrepantes são resultados obtidos de uma população muito diferentes dos outros resultados encontrados para a mesma população, podendo ser valores muito acima ou muito abaixo em relação aos outros valores observados.

Os valores discrepantes ocorrem por vários motivos: erros nas etapas de coleta ou de análise da amostra coletada, erros operacionais, de digitação ou até mesmo devido a uma variabilidade maior do que o esperado de um determinado poluente.

Em dados obtidos no monitoramento ambiental, é comum encontrarmos dados discrepantes devido à variabilidade nas distribuições espacial ou temporal de poluentes no meio ambiente. Além disso, dados discrepantes podem servir de alerta para falhas nos sistemas de controles de poluição, como controles de efluentes e de poluentes defeituosos.

A visualização gráfica do conjunto de dados coletados ajuda a identificar dados discrepantes de maneira fácil e rápida. Após observada a existência de dados discrepantes, é preciso verificar o histórico e os procedimentos utilizados para obtermos aquele dado.

Primeiramente, é necessário eliminar qualquer incerteza na confiabilidade do resultado obtido revendo os procedimentos e as rotinas para o processamento e a coleta dos dados. Além disso, é preciso analisar a fonte e o local de onde a amostra foi retirada, investigando alguma possibilidade da existência de algum ponto com maior ou menor concentração do componente que está sendo analisado.

Outra verificação importante para validar a existência de dados discrepantes é comparar o conjunto de dados atual com dados históricos, para verificar se existe algum padrão de repetição desses dados discrepantes.

Após a cuidadosa verificação da existência de algum motivo específico que explique o dado discrepante, devemos decidir eliminá-lo ou utilizá-lo para as análises estatísticas seguintes. Em algumas abordagens estatísticas mais clássicas, podemos excluir os dados discrepantes e ajustar o modelo por meio da regressão dos dados. No caso da decisão de não utilizar o dado, é fundamental documentar sua existência e o motivo pelo qual foi rejeitado das análises posteriores.

Cressie e Wikle (2015) abordam a modelagem hierárquica em dados espaço-temporais como uma alternativa de estrutura estatística para compreender as razões de dados discrepantes e como uma maneira de expressar incertezas provenientes de diferentes fontes.

PARA SABER MAIS

GILBERT, R. O. **Statistical Methods for Environmental Pollution Monitoring**. New Jersey, USA: John Wiley & Sons, 1987.

Nessa obra, o autor apresenta, de forma aprofundada, métodos de análise estatística para dados ambientais. Recomendamos, especialmente, a leitura do Capítulo 15, no qual são abordadas técnicas robustas para detectar estatisticamente dados discrepantes, como o Teste de Rosner, bem como detectar dados discrepantes em dados com variáveis correlacionadas.

3.4 Dados censurados

Um problema frequentemente encontrado na análise de dados ambientais são os dados censurados, ou seja, dados que, por algum motivo, não foram identificados e quantificados nos métodos analíticos determinados.

Comumente, os dados censurados apresentam uma concentração abaixo do limite de detecção do método adotado, porém, mesmo estando em baixas concentrações, esses componentes não identificados podem apresentar um grande risco à saúde e ao meio ambiente. Sendo assim, ignorar a presença de dados censurados nos resultados pode proporcionar baixa confiabilidade dos riscos ambientais estimados.

Dados censurados podem ser evitados dependendo do método de medição das amostras coletadas, buscando superar as limitações técnicas já no planejamento da amostragem. Por exemplo, no caso de amostras gasosas extremamente diluídas, talvez seja preciso considerar uma etapa de concentração antes do método analítico de detecção.

Quando não é possível evitar dados censurados e eles forem gerados, precisamos encontrar técnicas para minimizar a interferência negativa das observações censuradas, visto que a censura de dados interfere diretamente nas análises estatísticas (Banerjee; Carlin; Gelfand, 2003).

Entre as técnicas utilizadas para isso, temos o método da substituição, métodos robustos, métodos paramétricos e métodos não paramétricos (Christofaro; Leão, 2014).

O método de substituição é uma das principais maneiras de tratar dados censurados. Por meio dele, é feita a substituição dos dados censurados por algum valor especificado, como o valor do limite de detecção ou a metade do valor do limite de detecção (Contar, 2011; Christofaro; Leão, 2014).

Independentemente da escolha do valor para substituir os dados censurados, as análises sempre serão tendenciosas, inserindo algum tipo de viés no conjunto de dados. Além disso, dependendo da quantidade de dados censurados, a informação dos dados pode ficar questionável. Caso, ainda assim, seja utilizada essa prática, devemos sempre analisar qual tendência faz mais sentido para o objetivo da análise.

Por exemplo, no caso de um monitoramento ambiental de poluentes no ar para determinarmos níveis aceitáveis a fim de garantir a saúde da população local, podemos optar por valores que tendem à maior segurança na tomada de decisão. Por mais que essa substituição dos dados censurados por determinados valores possa gerar estimativas enviesadas, ainda pode ser um resultado melhor do que, simplesmente, ignorar a presença desses dados.

3.5 Ferramentas computacionais

Diversas ferramentas computacionais podem ser utilizadas para facilitar o tratamento estatístico de dados ambientais. Em muitos estudos e monitoramentos ambientais, trabalhamos com uma grande quantidade de dados, por isso os técnicos costumam utilizar computadores no momento da coleta, facilitando na organização dos dados e diminuindo o risco de serem extraviados.

Além disso, são utilizadas ferramentas computacionais, como o ArcGIS e o QGIS, para a representação de dados de área, dados geoestatísticos e dados pontuais georreferenciados. O QGIS (QGIS, 2015) é um *software* livre e gratuito, por isso vem ganhando mais adeptos do que o ArcGIS.

A análise e o tratamento de dados ambientais podem ser feitos em diversos *softwares*, como Minitab, SPlus ou Statistica. bem como utilizando linguagens próprias de programação, como o Matlab, o Python e o *software* R.

Para *softwares* ou linguagens de programação utilizados para diversos fins, pacotes específicos para análises estatísticas foram desenvolvidos e, atualmente, são usados em larga escala (Morettin; Bussab, 2017).

A grande maioria de *softwares* requer licenças de uso relativamente caras. Com isso, ambientes computacionais de caráter gratuito, como o R e o Python, tornaram-se ferramentas de referência na comunidade acadêmica e serão abordados na sequência.

3.5.1 Repositório R

O R é um *software* livre, com uma linguagem de programação e ambiente altamente difundidos para aplicações estatísticas, cujo foco são análises estatísticas e gráficas (Morettin; Bussad, 2017; R, 2021).

Ele fornece uma grande variedade de procedimentos estatísticos, desde os mais básicos até análises mais robustas, com grande flexibilidade para o usuário estruturar os comandos como preferir. Além disso, seu ponto forte é a facilidade na geração de recursos gráficos de qualidade.

Sua fácil adaptação aos sistemas operacionais Linux, Mac OS e Windows e o fato de ser uma linguagem de código livre com uma grande comunidade de usuários ao redor do mundo tornam o R um *software* extremamente acessível, cujas possíveis dificuldades encontradas podem ser facilmente superadas devido à facilidade de obter informações para solucionar as dificuldades.

Para os que desejam uma *interface* mais amigável para trabalhar com o R, é possível utilizar o ambiente RStudio, que oferece muitos recursos úteis que facilitam a visualização do código que está sendo desenvolvido, a visualização de figuras, entre outras facilidades.

3.5.2 Python

Python é uma linguagem de programação utilizada em diversas áreas, como coleta de dados, engenharia, construções gráficas, construção de aplicativos *web* , entre outas. Apesar de não ser uma linguagem voltada para análises estatísticas e gráficas, apresenta alguns pacotes que facilitam o trabalho nessas áreas.

Como engenheiros utilizam a linguagem Python para uma infinidade de trabalhos, eles já estão ambientados à sua linguagem e ao ambiente para também fazer análises estatísticas.

A linguagem Python não apresenta um conjunto de pacotes e bibliotecas tão abrangentes para a área estatística como os disponíveis para a linguagem R; no entanto, alguns pacotes podem ser utilizados para facilitar análises estatísticas com o Python, como o Scipy. Stats (Virtanen et al., 2020), o Pingouin (Vallat et al., 2018) e o Statsmodel (Seabold; Perktold, 2010).

O Scipy.Stats é um pacote com ferramentas específicas usadas em pesquisas matemáticas, de engenharia e de dados. Esse pacote apresenta um grande número de distribuições de probabilidade e uma biblioteca de funções estatísticas cada vez maior.

O Pingouin é um pacote de código aberto focado em análises estatísticas simples, apresentando muitas classes e funções de estatística básica e testes de hipóteses.

O pacote Statsmodel foi desenvolvido para modelagens estatísticas, fornecendo muitas classes e funções para obter uma estimativa estatística.

Síntese

Após a coleta dos dados ambientais, uma grande quantidade de dados é gerada e precisa ser analisada cuidadosamente para não levar a resultados e conclusões tendenciosos. Neste capítulo, abordamos as diferentes análises estatísticas básicas, como média e variância, e suas características conforme o método de amostragem selecionado.

Para isso, discutimos as análises exploratórias para amostragens aleatória simples, amostragens estratificadas e amostragens sistemáticas. No Quadro 3.1, sintetizamos os principais símbolos utilizados neste capítulo.

Quadro 3.1 – Resumo de símbolos utilizados em análises exploratórias estatísticas

Estatística descritiva	Símbolo para uma amostra	Símbolo para uma população
Média	$\bar{X}$	μ
Variância	s^2	σ^2
Desvio-padrão	s	σ
Mediana	$X_{0,5}$	$x_{0,5}$

Vimos que o conjunto de dados coletados também pode ser representado visualmente na forma de gráficos, como histogramas, diagrama de caixa e diagrama de dispersões.

Como alguns erros na análise e no tratamento estatísticos de dados ambientais provêm da existência de dados censurados e de dados discrepantes, também abordamos as definições desses tipos de dados, além de estratégias para evitar sua geração. Muitas vezes, a geração de dados discrepantes e censurados ocorre devido à natureza da amostra ambiental, por isso também foram abordadas estratégias de como trabalhar com esses dados para minimizar os erros estatísticos.

Por fim, apresentamos alguns *softwares* que podem ser utilizados para análises estatísticas, focando em dois ambientes gratuitos: o R e o Python. O primeiro é o mais difundido e com maior capacidade de análises robustas de estatística. Já a linguagem Python é amplamente utilizada em várias áreas, além da área de análises estatísticas, fazendo com que o usuário já esteja ambientado à linguagem e tenha mais facilidade de utilizá-la para análises estatísticas.

QUESTÕES PARA REVISÃO

1) Com o objetivo de monitorar durante um mês e estimar a concentração média de NOx emitido, a favor do vento, através da chaminé de uma indústria, foram feitas dez medições do ar analisado, durante um mês de 31 dias, em dias escolhidos aleatoriamente. As dez amostras coletadas resultaram nas seguintes concentrações: 151, 90, 125, 156, 110, 121, 138, 102, 98 e 141 ppm/dia. Calcule os valores de $\bar{x}$ e $s(\bar{x})$ da população amostrada.

2) Considere, hipoteticamente, que alimentos contaminados com um determinado composto foram consumidos por 100 pessoas. Para estimar a quantidade média do contaminante ingerido, essa população foi analisada. Não sendo viável a análise da concentração do contaminante nas 100 pessoas que consumiram o alimento, elas foram separadas em três estratos (grupos semelhantes) e três amostras aleatórias de cada grupo foram coletadas. Sabendo que o grupo era composto por 55 homens, 30 mulheres e 15 crianças, quais são os estratos formados da população analisada e quais os respectivos pesos de cada estrato?

3) Um plano de amostragem está sendo desenvolvido para estimar a concentração média e a quantidade total de metais pesados em uma lagoa. Sabemos que as concentrações de metais pesados variam conforme a profundidade da lagoa. Sendo assim, assinale a alternativa que indica corretamente a melhor estratégia para determinar o que se deseja:

   a. Coletar uma amostragem estratificada, escolhendo três profundidades diferentes para compor três estratos de amostragem com pesos iguais, ou seja, mesmo número de amostras em cada estrato.

   b. Coletar uma amostragem aleatória, com amostras em diferentes profundidades, e a média será determinada de forma simples.

   c. Coletar uma amostragem estratificada, escolhendo profundidades diferentes para compor os estratos, que devem apresentar diferentes pesos.

   d. Coletar uma amostragem estratificada, escolhendo profundidades diferentes para compor os estratos, sendo que o estrato de amostras próximas da superfície deve ter maior peso.

   e. Coletar uma amostragem aleatória com amostras em diferentes profundidades, sendo que diferentes pesos devem ser utilizados em diferentes profundidades.

4) Em estudos ambientais, é comum a existência de dados discrepantes entre os dados coletados. Assinale a alternativa correta sobre dados discrepantes:

a. Depois de verificada a existência de dados discrepantes, eles devem ser sempre descartados da análise, porque só aumentarão o desvio-padrão e não são representativos da população.

b. Mesmo apresentando alguma informação importante sobre a população analisada, os dados discrepantes devem ser descartados.

c. Dados discrepantes são sempre um indicativo da existência de erros durante o processo de amostragem ou de análise laboratorial.

d. Uma investigação deve ser feita para validar se os dados discrepantes são representações de alguma variação real de concentração ou algum erro que deve ser descartado.

e. Mesmo após verificar que os dados discrepantes são resultado de algum erro durante a amostragem, eles nunca devem ser descartados da análise.

5) Muitas vezes, dados censurados são simplesmente ignorados na análise de dados ambientais. Assinale a alternativa correta sobre a presença de dados censurados em um monitoramento ambiental:

a. Descartar os dados censurados é sempre a melhor opção, pois não há nada que possa ser feito para contornar sua existência.

b. Uma alternativa para contornar a existência de dados censurados é substitui-los por valores, como o valor do limite de detecção.

c. Dados censurados são sempre resultado do uso de um método inadequado de análise laboratorial para detecção do componente coletado.

d. Os métodos estatísticos convencionais nunca devem ser utilizados no tratamento de dados com presença de dados censurados.

e. Dados censurados sempre são obtidos em amostras cujos componentes presentes são desconhecidos.

Questão para reflexão

1) A existência de dados censurados e de dados discrepantes aumenta a incerteza e diminui a confiabilidade dos resultados obtidos com a análise estatística. Quais estratégias devem ser utilizadas para evitar a presença desses dados em um monitoramento ambiental? Elabore um texto escrito sobre as estratégias que escolheu e a justificativa de sua resposta.

Conteúdos do capítulo:

- Diferentes distribuições de probabilidades.
- Testes de hipóteses.
- Tamanho amostral.
- Correlações entre duas variáveis.
- Análises de regressão.

Após o estudo deste capítulo, você será capaz de:

1. compreender as diferentes distribuições de probabilidades, com destaque para as distribuições normal, lognormal, de Poisson e t de Student;
2. usar os testes de hipóteses para verificar as estimativas amostrais;
3. determinar uma estimativa do número de elementos na amostra que deverá ser coletada de uma população infinita;
4. analisar a correlação entre duas variáveis;
5. saber o que são as análises de regressão e suas principais características.

Inferência estatística de dados ambientais

4.1 Distribuições de probabilidades para variáveis aleatórias

A distribuição de probabilidades para variáveis aleatórias é a distribuição de probabilidades estatísticas de uma população específica, em que descrevemos a probabilidade para cada valor da variável aleatória (Triola, 2017).

Essa distribuição de probabilidades pode ser expressa na forma de tabelas, de fórmulas ou por meio de representações gráficas, como os histogramas, vistos no capítulo anterior.

> ## O QUE É
>
> Montgomery e Runger (2021) definem *distribuição de probabilidade de uma variável aleatória X* como uma descrição das probabilidades associadas aos valores possíveis de *X*.

As diferentes distribuições estão relacionadas a diferentes funções de probabilidade. Para uma **variável aleatória discreta**, a distribuição de probabilidade pode ser especificada por meio de uma função de probabilidade (f.p.) ou uma função massa de probabilidade (f.m.p.). Quando se trata de uma **variável aleatória contínua**, a distribuição de probabilidade será especificada utilizando uma função densidade de probabilidade (f.d.p.) (Montgomery; Runger, 2021).

A função de probabilidade representa a possibilidade de ocorrência de um determinado elemento dentro de um espaço amostral (Silva et al., 2018).

A seguir, veremos as diferentes distribuições de probabilidade para variáveis discretas e contínuas. No Apêndice A, foram disponibilizadas algumas tabelas que trazem as principais características das distribuições de probabilidade abordadas neste capítulo.

4.1.1 Distribuições de probabilidade para variáveis aleatórias discretas

Segundo Montgomery e Runger (2021) e Triola (2017), matematicamente, a função de probabilidade, denotada por $p(x)$, é uma função definida no espaço amostral do experimento, ou seja, para uma variável aleatória discreta X, com valores possíveis x_1, x_2, ..., x_n, tal qual:

1. A probabilidade de ocorrência de um resultado x_i, denotado por $P(x_i)$, na amostra, estará entre 0 e 1 (ou 100%):

Equação 4.1

$$0 \leq P(x_i) \leq 1 \qquad i = 1, 2, ...,n$$

2. A somatória das probabilidades de ocorrências de todos os elementos do espaço amostral será a probabilidade máxima possível, de 100%.

Equação 4.2

$$\sum_{i=1}^{n} P(x_i) = 1 \qquad i = 1, 2, ..., n$$

3. E a função de probabilidade será:

Equação 4.3

$$p(x_1) = P(X = x_1)$$

Distribuição de Poisson

A distribuição de Poisson costuma ser utilizada para descrever dados resultantes de um processo de contagem, em que os acontecimentos contados ocorrem de forma aleatória, mas a uma taxa média definida. Sendo assim, o número de dados pode aumentar até o infinito, entretanto a média de distribuição permanece constante.

Como a distribuição de Poisson é utilizada para dados de contagem, a distribuição costuma ser avaliada por meio de números inteiros, conforme mostrado no Gráfico 4.1. Sendo assim, na distribuição de Poisson, uma variável X pode assumir valores de $i = 0$, 1, 2, 3, ... e é chamada de *variável aleatória de Poisson com parâmetro* λ, para $\lambda > 0$, e a função de probabilidade será:

Equação 4.4

$$p(x) = e^{-\lambda} \frac{\lambda^x}{x!}$$

sendo λ o número médio de sucessos num intervalo especificado.

Gráfico 4.1 – Exemplo de diagrama com distribuição de Poisson para diferentes valores selecionados dos parâmetros

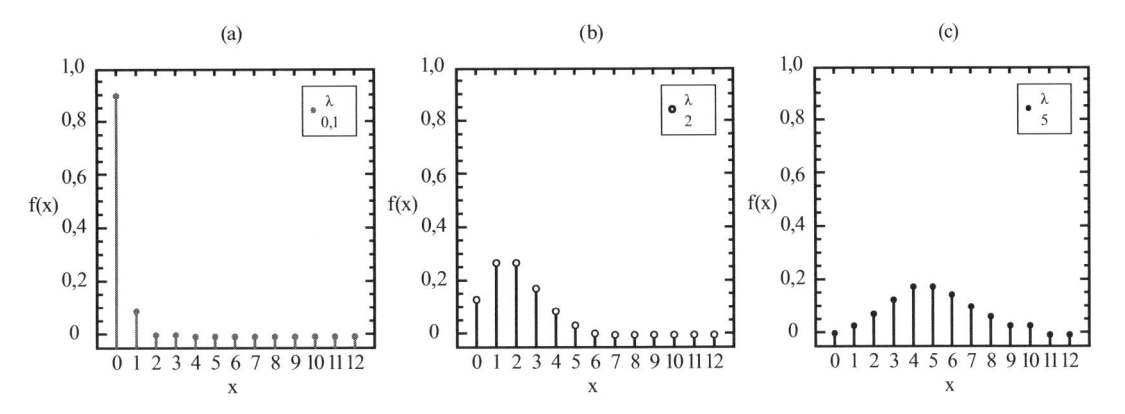

Fonte: Montgomery; Runger, 2021, p. 48.

Exercício resolvido 4.1

Um programa de monitoramento ambiental de um rio próximo a uma área industrial acompanha, diariamente, a contaminação do rio por poluentes industriais. Com o histórico do monitoramento, já sabemos que, em média, dez amostras por dia apresentam concentrações acima dos limites permitidos pela legislação para um determinado componente.

Sabendo que a probabilidade de obtermos amostras com concentrações acima do limite permitido segue a distribuição de Poisson, determine uma probabilidade de que quatro, ou menos, amostras por dia estejam com concentrações acima do limite permitido pelo órgão ambiental.

Resolução

Queremos encontrar a probabilidade de que quatro, ou menos, amostras estejam com concentrações acima do permitido pela legislação, ou seja, $P(x \leq 4)$, sendo x o número de amostras com concentrações acima do permitido.

Além disso, sabemos que a média de amostras por dia com concentrações acima do limite permitido é de dez, ou seja, $\lambda = 10$. Sendo assim, temos que:

$$P(X = 0) = p(0) = \frac{\lambda^0 e^{-10}}{0!} = \frac{(1) \cdot e^{-10}}{1} = 0,00004540$$

$$P(X = 1) = p(1) = \frac{\lambda^1 e^{-10}}{1!} = \frac{(10) \cdot e^{-10}}{1} = 0,0004540$$

$$P(X = 2) = p(2) = \frac{\lambda^2 e^{-10}}{2!} = \frac{(10)^2 \cdot e^{-10}}{2 \cdot 1} = 0,00227$$

$$P(X = 3) = p(3) = \frac{\lambda^3 e^{-10}}{3!} = \frac{(10)^3 \cdot e^{-10}}{3 \cdot 2 \cdot 1} = 0,00757$$

$$P(X = 4) = p(4) = \frac{\lambda^4 e^{-10}}{4!} = \frac{(10)^4 \cdot e^{-10}}{4 \cdot 3 \cdot 2 \cdot 1} = 0,01892$$

Portanto,

$$P(x \leq 4) = p(0) + p(1) + p(2) + p(3) + p(4)$$

$$P(x \leq 4) = 0,00004540 + 0,0004540 + 0,00227 + 0,00757 + 0,01892$$

$$P(x \leq 4) = 0,02926$$

Ou seja, a probabilidade de que quatro ou menos amostras por dia estejam com concentrações acima do limite permitido será de, aproximadamente, 2,93%.

4.1.2 Distribuições de probabilidade para variáveis aleatórias contínuas

Uma variável contínua terá uma distribuição de probabilidade distintamente diferente de variáveis discretas porque uma variável contínua pode apresentar um número de valores infinito e incontável de X (Montgomery; Runger, 2021).

A distribuição de probabilidades de uma variável aleatória contínua X pode ser descrita por meio de uma função densidade de probabilidade $p(x)$, tal que:

Equação 4.5

1. $p(x) \geq 0$

Equação 4.6

2. A probabilidade de X estar entre a e b é determinada pela integral de $p(x)$ de a a b, ou seja:

$$P(a \leq X \leq b) = \int_a^b p(x)dx$$

Equação 4.7

3. $\int_{-\infty}^{\infty} p(x)dx = 1$

Uma função densidade de probabilidade é usada para calcular uma área que representa a probabilidade de X assumir um valor no intervalo entre a e b (Montgomery; Runger, 2021).

As probabilidades associadas a qualquer variável aleatória contínua X representarão diferentes formas de $p(x)$ e, então, diferentes distribuições de probabilidade. Entre as diferentes distribuições de probabilidade para variáveis contínuas, serão discutidas, a seguir, as distribuições normal, lognormal e t de Student.

Distribuição normal

Distribuições normais são, frequentemente, vistas em aplicações reais com variáveis aleatórias contínuas. Quando uma variável contínua apresenta distribuição normal, terá características de simetria em torno da média, o que implica que a média, a mediana e a moda serão coincidentes (Montgomery; Runger, 2021; Triola, 2017).

Segundo Morettin e Bussab (2017), a distribuição normal é matematicamente descrita pela função $f(x)$ para uma dada variável aleatória X com parâmetros μ e σ^2:

Equação 4.8

$$f(x; \mu, \sigma^2) = \frac{1}{\sigma\sqrt{2\pi}} exp\left[-\frac{(x-\mu)^2}{2\sigma^2}\right]$$

com $-\infty < x < \infty, -\infty < \mu \langle \infty, \ \sigma \rangle 0$.

Sendo que a notação $N(\mu, \sigma^2)$ é usada para denotar a distribuição normal.

No Gráfico 4.2, apresentamos exemplos de funções densidade de probabilidade normal para diferentes valores de μ e σ^2.

Nesse gráfico, é possível observar que $f(x)$ diminui quando x se move para mais longe de μ. Logo, será pequena a probabilidade de a medida cair longe de μ.

Gráfico 4.2 – Exemplo de funções densidade de probabilidade normal para valores selecionados dos parâmetros μ e σ^2

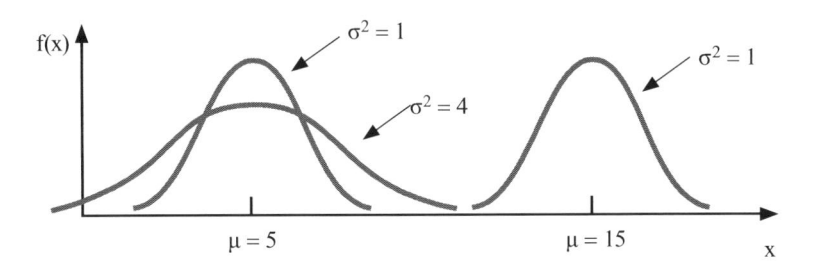

Fonte: Montgomery; Runger, 2021, p. 56.

Distribuição lognormal

No caso de populações que apresentem dados não simétricos, é preciso encontrar um modelo de distribuição que se ajuste adequadamente ao conjunto de dados analisado. Para esses casos, a distribuição lognormal tem sido a mais comumente utilizada para análise de dados ambientais.

A distribuição lognormal é um tipo de distribuição usada quando temos valores positivos, sendo que a variável X tem distribuição lognormal se $Y = lnX$ tiver distribuição normal com média μ e variância σ^2 (Morettin; Bussab, 2017).

Assim, a função densidade de probabilidades lognormal, com os parâmetros $-\infty < \mu < \infty$ e $\sigma^2 > 0$, é definida por:

Equação 4.9

$$f(x) = \frac{1}{x\sigma\sqrt{2\pi}} exp\left[-\frac{1}{2\sigma^2}(lnx - \mu)^2\right], \text{ se } x > 0$$

No Gráfico 4.3, apresentamos exemplos de diagramas de distribuições lognormais.

Gráfico 4.3 – Exemplos de diagramas com distribuições lognormais para $\mu = 0$ e diferentes valores para σ

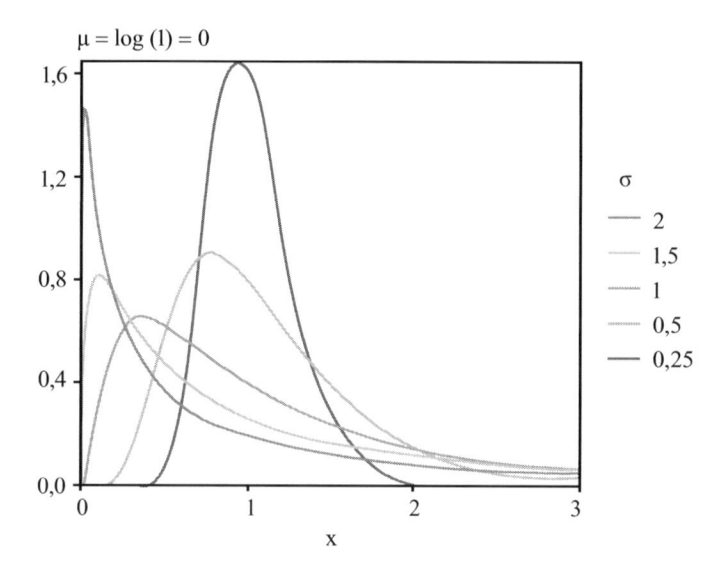

Fonte: Droubi; Zonato; Hochheim, 2018, p. 5.

Distribuição de *t* de Student

A distribuição *t* de Student é uma distribuição de probabilidade simétrica e contínua muito semelhante à distribuição normal. Ela também tem o formato de sino, porém mais achatada, com as caudas da distribuição *t* mais largas do que as caudas da distribuição normal (Berthouex; Brown, 2002).

No Gráfico 4.4, apresentamos diferentes representações de distribuições *t* de Student, para diferentes graus de liberdade *v*.

Quando o tamanho da amostra é infinito e $v = \infty$, a distribuição t torna-se igual à distribuição normal. À medida que o número de amostras diminuem, consequentemente o número de graus de liberdade, as caudas da distribuição t tornam-se mais alargadas.

Essa distribuição é muito utilizada para comparar duas médias pelo teste t e estimar intervalos de confiança para prever uma média populacional, como veremos nos testes de hipóteses.

Gráfico 4.4 – Exemplo de diagrama com diferentes distribuições t de Student para diferentes graus de liberdade

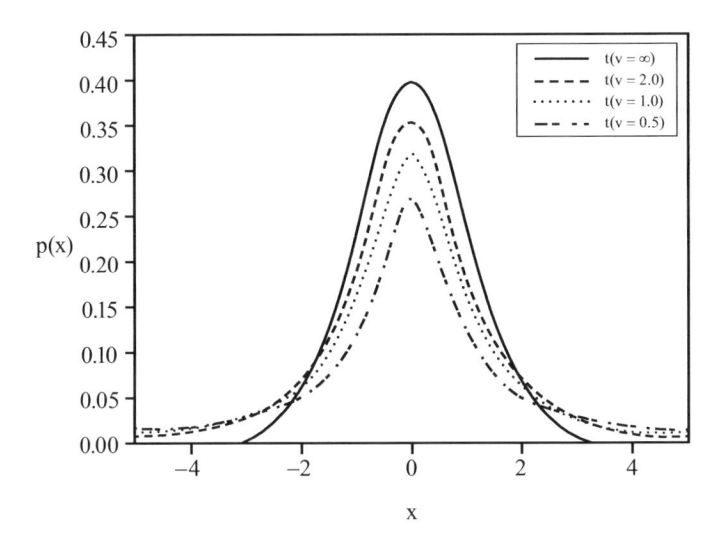

4.2 Testes de hipóteses

No capítulo anterior, abordamos formas de estimar parâmetros populacionais por meio de análises de dados amostrais. Testes de hipóteses podem ser feitos para verificar se os resultados obtidos com os dados amostrais são suficientes para determinar afirmações sobre parâmetros populacionais, como a média ou a variância populacional.

A estimação de parâmetros por meio de teste de hipóteses estatísticas é uma etapa fundamental no estágio de análise e tratamento de dados ambientais.

Para entender como desenvolver um teste de hipóteses, primeiro, é importante entender que uma hipótese estatística é uma afirmação feita sobre os parâmetros de uma determinada população.

Normalmente, a hipótese estatística envolverá um ou mais parâmetros de uma distribuição de probabilidades de uma variável aleatória. Além disso, é importante destacar que as hipóteses são sempre afirmações formuladas sobre a população ou a distribuição analisada, e não afirmações sobre a amostra.

As informações sobre as amostras **não são hipóteses**, mas informações que, normalmente, são determinadas com mensurações.

EXEMPLIFICANDO

Em um monitoramento ambiental, desejamos saber qual a média semanal de mortalidade de peixes devido a uma contaminação recorrente, proveniente de uma atividade industrial próxima a um rio. Essa taxa de mortalidade é uma variável aleatória que pode ser descrita por meio de uma distribuição de probabilidades. Estudos preliminares com amostras do rio mostraram alta probabilidade de a média amostral de mortalidade ser próxima de 120 peixes por semana.

Considerando que estamos interessados em determinar se a taxa média semanal de mortalidade da população, realmente, é de 120 peixes/semana ou não, podemos expressar por:

$$H_0 : \mu = 120 \text{ peixes por semana}$$
$$H_1 : \mu \neq 120 \text{ peixes por semana}$$

A afirmação $H_0 : \mu = 120$ peixes por semana é chamada de *hipótese nula* (ou inicial) e a afirmação $H_1 : \mu \neq 120$ peixes por semana é chamada de *hipótese alternativa*. Nesse caso, a hipótese alternativa especifica valores que podem ser diferentes do que a média populacional estimada (120 peixes/semana), sendo, então, chamada de *hipótese alternativa bilateral*.

Nesse caso, estamos interessados em valores que estarão mais nas extremidades das caldas da distribuição da média amostral. Caso a hipótese alternativa estivesse considerando apenas valores maiores ou menores do que 120 peixes/semana, teríamos uma hipótese alternativa unilateral.

O parâmetro especificado na hipótese nula pode ser determinado de três maneiras: a primeira é por meio de experiências passadas; a segunda é por meio de teorias ou modelos relativos ao sistema em análise, sendo que o objetivo do teste de hipóteses é verificar a confiabilidade de adequação do teste ou modelo; a terceira é por meio de considerações externas, como normas e especificações, ou de dados ambientais, mediante as legislações que devem ser atendidas. No caso desse exemplo, o parâmetro especificado foi determinado por meio de experiências passadas.

Para a realização do teste, uma faixa de valores pode ser considerada aceita. Destacamos que nenhum teste de hipótese é 100% certo, e alguns erros poderão ocorrer. O teste de hipóteses é utilizado para verificarmos se o que foi observado dá evidências de haver diferenças entre o valor da média amostral e o da média populacional, ou se a média amostral apresentou apenas uma flutuação devido ao acaso.

No Quadro 4.1, sumarizamos os tipos de erros que podem acontecer em um teste de hipótese.

Quadro 4.1 – Tipos de erros que podem acontecer em um teste de hipótese

Erro	Definição	Probabilidade
Tipo I	Rejeição da hipótese nula H_0 quando ela for verdadeira	$\alpha = P$(erro tipo I) P(rejeitar H_0 quando H_0 for verdadeira
Tipo II	Não rejeição da hipótese nula H_0 quando de fato H_0 é falsa	$\beta = P$(erro tipo II) P(falhar em rejeitar H_0 quando H_0 for falsa)

Ao testarmos qualquer hipótese estatística, quatro situações diferentes podem determinar se a decisão final está correta ou não. No Quadro 4.2, apresentamos como essas situações podem se dar.

Notemos que, conforme apresentado no Quadro 4.1, a probabilidade do erro tipo I é α, ou seja, é o nível de significância, que é expresso como uma probabilidade de dizer que existe uma diferença quando, na verdade, não há diferença real.

Para reduzir a probabilidade de ocorrer o erro tipo I, devemos escolher um critério de decisão que torna esse erro pouco provável, ou seja, um nível de significância adequado para o teste.

Quadro 4.2 – Decisões em um teste de hipóteses

Decisão	Hipótese verdadeira	
	H_0	H_1
Rejeitar H_0	Erro tipo I	Acerto
Não rejeitar H_0	Acerto	Erro tipo II

Para testar a hipótese, determinamos uma estatística de teste com base em dados amostrais e, então, a estatística de teste é usada para tomar uma decisão a respeito da hipótese nula, optando em rejeitar ou não a hipótese H_0 (Montgomery; Runger, 2021).

A decisão sobre rejeitar ou não rejeitar uma hipótese será baseada no valor padronizado (Z).

Em uma representação gráfica de uma função de distribuição t de Student, por exemplo, as regiões mais afastadas da média amostral representam o nível de significância (α). No teste de hipóteses, essa mesma região será a região crítica do teste, ou seja, a região em que iremos rejeitar a hipótese nula H_0. A região crítica do teste dependerá da hipótese alternativa, como podemos ver no Gráfico 4.5.

No Gráfico 4.5, em (a), apresentamos a região crítica do teste quando a hipótese alternativa é bilateral; em (b), apresentamos a região crítica quando a hipótese alternativa é unilateral à direita; e, em (c), quando a hipótese alternativa é unilateral à esquerda.

Gráfico 4.5 – Distribuição de probabilidades t de Student para um teste de hipóteses composto de uma hipótese alternativa

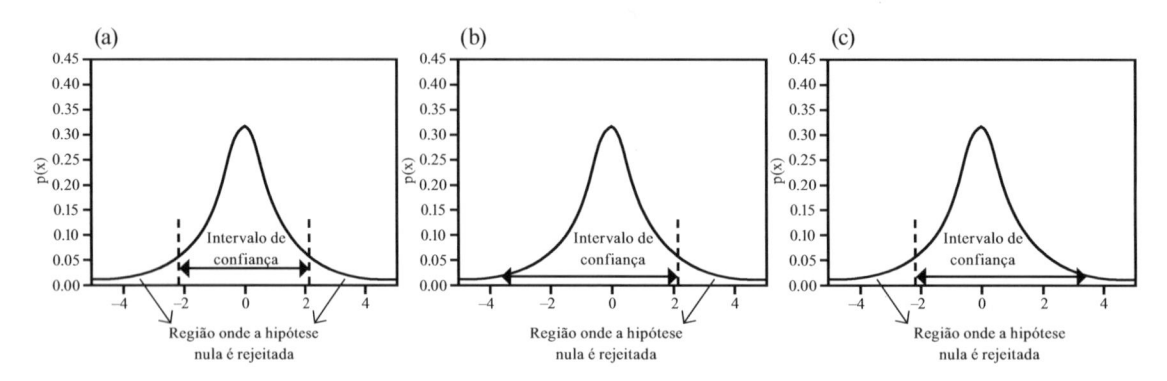

A decisão do teste pode ser determinada por meio do valor de sua estatística, sendo que, se o valor da estatística do teste estiver na região crítica, com um determinado nível de significância α, devemos rejeitar H_0.

Quando rejeitamos H_0, é porque a amostra trouxe evidências de que não há apenas uma flutuação no valor do parâmetro estimado, mas um deslocamento do valor estabelecido para o parâmetro populacional na hipótese H_0.

Quando a estatística do teste não estiver na região crítica, devemos considerar que não houve evidências significativas para rejeitar H_0.

No Quadro 4.3, resumimos os passos para desenvolver um teste de hipóteses.

Quadro 4.3 – Resumo dos passos para um teste de hipóteses

Passo	Atividade
1º passo	Identificar o parâmetro de interesse.
2º passo	Estabelecer as hipóteses nula (H_0) e alternativa (H_1).
3º passo	Estabelecer o nível de significância (α) do teste.
4º passo	Fazer o diagrama de distribuição de probabilidade dos dados e identificar a região crítica conforme a hipótese alternativa (H_1).
5º passo	Calcular a estatística do teste e localizar esse valor no diagrama de distribuição de probabilidade dos dados.
6º passo	Decidir sobre rejeitar ou não rejeitar a hipótese nula.

4.3 Estimativa do número de amostras

Determinar o número ideal de amostras para representar uma população é uma decisão um tanto difícil e envolve vários fatores, como já vimos anteriormente neste capítulo. Por um lado, uma amostragem muito pequena pode não ser suficiente para representar a população e levar a conclusões confiáveis para atingir o objetivo do monitoramento ambiental. Por outro lado, um número muito grande de amostras pode inviabilizar economicamente um programa de monitoramento ambiental, ou pode até não ser possível de viabilizar o monitoramento por falta de recursos humanos e de tempo (Martins; Domingues, 2017).

Uma estimativa do tamanho de amostragem de uma população pode ser elaborada por meio de alguns conceitos de estatística, como veremos a seguir.

4.3.1 Cálculo do número de amostras para uma população finita

Quando a amostragem coletada é para representar uma população pequena, com um número finito e conhecido, o tamanho da amostragem é estimado com base nesse tamanho de população, conforme a Equação 4.10:

Equação 4.10

$$n = \frac{\dfrac{Z^2 \sigma (1 - \sigma)}{e^2}}{1 + \dfrac{Z^2 \sigma (1 - \sigma)}{e^2 N}}$$

Sendo que n é o tamanho da amostragem, σ é o desvio-padrão da população, N é o tamanho da população, Z é o valor padronizado conforme o nível de significância e e é a margem de erro estabelecida.

A precisão do tamanho da população tem um grande impacto probabilístico no caso de pequenas populações. Quando se trata de populações numerosas, no entanto, a definição de um número exato para determinar o tamanho de amostragem terá um impacto menor.

4.3.2 Cálculo do número de amostras para uma população infinita

Há situações no monitoramento ambiental em que não está ao nosso alcance obter o tamanho da população, ou por ser muito grande ou por não ser possível obtê-lo – por exemplo, analisar toda a água de um determinado rio que está sendo avaliado, ou todo o solo de uma área contaminada.

Nesses casos, o número de amostras necessárias para representar a população poderá ser estimada por:

Equação 4.11

$$n = \left(\frac{Z_{\alpha/2}\sigma}{e} \right)^2$$

em que n é o número de elementos da amostragem, $Z_{\alpha/2}$ é o valor padronizado que corresponde ao nível de confiança desejado, σ é o desvio-padrão da população analisada, e e é a margem de erro determinado.

Exercício resolvido 4.2

Desejamos determinar a média anual de CO_2 emitido numa região urbana de grande circulação de automóveis. Determine quantas amostras serão necessárias para obtermos a média anual com uma margem de erro de 5 ppm e com 90% de significância. Por meio de programas de monitoramento anteriores, sabemos que o desvio-padrão é de 10 ppm.

Resolução

Nesse caso, não é de conhecimento o tamanho populacional, por isso o número de amostras será estimado por:

$$n = \left(\frac{Z_{\alpha/2}\sigma}{e} \right)^2$$

Com:

$1 - \alpha = 90\%$, logo, $\alpha/2 = 0,05$ e $Z_{a/2} = 1,960$.

Além disso, $\sigma = 10$ ppm e $e = 5$ pmm

Sendo assim,

$$n = \left(\frac{1,960 \cdot 10}{5}\right)^2 = 15,4 \text{, ou seja, n} = 16 \text{ amostras.}$$

EXEMPLIFICANDO

Uma indústria de galvanoplastia vem lançando seus efluentes diretamente em um rio próximo da planta industrial. Moradores da região fizeram uma reclamação ao órgão ambiental alegando que a água está sendo contaminada. Os técnicos do órgão ambiental, após uma primeira visita, suspeitaram que as concentrações de alguns metais pesados no efluente estavam acima do permitido. Os documentos apresentados ao órgão ambiental com histórico do lançamento de efluentes no rio mostravam que, nos últimos meses, a concentração média de um determinado metal era de 76 ppm, com desvio-padrão de 20 ppm, o que garantiria uma concentração dentro do que é exigido por legislação. Os técnicos do órgão ambiental decidiram obter algumas amostras do rio para verificar a veracidade dessas informações com a realidade atual do rio.

Para isso, os técnicos seguiram os seguintes passos:

1. Determinaram a hipótese nula de $\mu \leq 76$ ppm e a hipótese alternativa de $\mu > 76$ ppm.
2. Determinaram o número mínimo de amostras que seria necessário coletar, para atingir um nível de significância de 10% do teste analisado. O número de amostras foi estimado considerando uma população grande e de valor desconhecido e com uma margem de erro da amostragem de 5 ppm, conforme Equação 4.11:

$$n = \left(\frac{Z_{\alpha/2}\sigma}{e}\right)^2 = \left(\frac{1,96 \cdot 20}{5}\right)^2 = 43,3.$$

Foi estimado um tamanho de amostragem necessário de $n = 44$ amostras.

Os dados amostrais de concentração do metal de interesse no rio foram:

80	82	68	60	98	50	45	77	75	75
71	79	75	73	72	66	80	89	81	68
65	78	75	67	81	80	77	76	67	87
76	75	74	79	80	88	84	85	72	70

Com os dados coletados, obtiveram a média amostral de $\bar{x} = 75 \ ppm$ e $s = 9,76$ ppm.

Nesse exemplo, os técnicos utilizaram a distribuição *t* de Student, pois se tratava de dados amostrais. A distribuição *t* de Student, comumente, é usada quando a estatística de teste segue uma distribuição normal, mas a variância da população é desconhecida. A região crítica foi determinada para uma hipótese de amostragem unilateral à direita, conforme o Gráfico 4.6 apresentado a seguir.

Gráfico 4.6 – Distribuição de probabilidades *t* de Student para o teste de hipóteses em questão, com hipótese alternativa unilateral à direita e nível de significância de 10%, ou seja, $\alpha = 0{,}1$

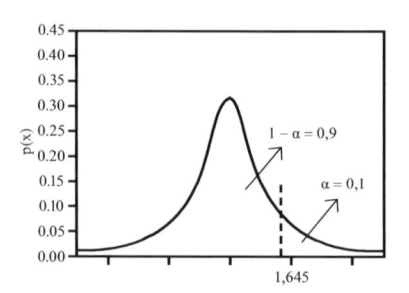

1. O valor da estatística do teste, nesse caso Z_c, foi calculado conforme a Equação 4.12:

Equação 4.12

$$Z_c = \frac{\overline{x} - \mu_0}{\dfrac{s}{\sqrt{n}}}$$

$$Z_c = \frac{75 - 76}{\dfrac{9{,}76}{\sqrt{44}}} = -0{,}6796$$

2. O valor $Z_c = -0{,}6796$ não se encontra na região crítica da distribuição. Com isso, foi aceito o valor da hipótese nula de $H_0 : \mu \leq 76\ ppm$.

4.4 Correlações de variáveis bivariadas

Em algumas situações, é preciso analisar duas variáveis por vez, ou por necessidade, ou pela praticidade. Para isso, precisamos compreender se essas duas variáveis se correlacionam de alguma forma.

Correlações bivariadas acontecem quando duas variáveis estiverem associadas entre si. Análises de correlações bivariadas permitem determinar, além da relação entre duas variáveis, a força e a direção do relacionamento entre elas.

Para analisar a correlação de duas variáveis, temos, basicamente, três situações que podem ocorrer.

A primeira situação é quando as duas variáveis são constituídas de dados qualitativos e, para isso, é possível utilizar tabelas de contingência ou coeficientes de contingência Pearson corrigidos.

Na segunda situação, as variáveis são constituídas de dados quantitativos, sendo possível analisar a relação entre elas por meio de gráficos de dispersão ou mediante um coeficiente de correlação.

Na terceira situação, uma das variáveis é constituída de dados qualitativos e a outra variável é constituída de dados quantitativos. Nesse terceiro caso, a relação entre as variáveis pode ser analisada por tabelas de contingência ou coeficientes de contingência Pearson corrigido.

O coeficiente de correlação de Pearson para as variáveis X e Y pode ser estimado por:

Equação 4.13

$$r_{XY} = \frac{\text{covariância}(X,Y)}{\text{desvio-padrão}(X) \cdot \text{desvio-padrão}(Y)}$$

O coeficiente de correlação de Pearson mede o grau de dependência linear entre duas variáveis X e Y e pode fornecer valores entre -1 e +1.

Valores negativos do coeficiente indicam a existência de uma relação inversa entre as variáveis, enquanto valores positivos indicam uma relação direta entre elas.

É importante destacarmos que o coeficiente de Pearson mede somente o grau de dependência linear entre duas variáveis. Caso duas variáveis sejam dependentes, mas não de forma linear, o coeficiente não será capaz de representar essa dependência.

Sendo assim, quando o coeficiente é zero ou próximo de zero, apenas podemos afirmar que não há relação linear entre as variáveis, sem poder afirmar que não há nenhuma relação entre as variáveis (Becker, 2015).

O QUE É

Tabelas de contingência são tabelas de dupla entrada, em que consideramos os níveis de uma das variáveis nas colunas da tabela e os níveis da outra variável nas linhas da tabela.

Quando desejamos calcular a relação entre duas variáveis mensuradas ordinalmente, podem ser utilizados coeficientes de correlação ordinais. Um exemplo é o coeficiente de correlação de Spearman, denotado por r_{SXY}, para determinar a relação entre duas variáveis ordinais X e Y.

> ## Para saber mais
>
> BECKER, J. L. **Estatística básica**: transformando dados em informação. Porto Alegre: Bookman, 2015.
>
> Para se aprofundar no tema, recomendamos o estudo do Capítulo 3 desse livro de Becker, "Descrição de dados: análise bivariada", em que o autor aborda, de forma aprofundada, como verificar a relação entre duas variáveis. A partir da página 113, o coeficiente de correlação de Spearman é abordado, com exemplo e dedução de fórmulas.

4.5 Análises de regressão

Muitos estudos ambientais envolvem o monitoramento e a análise entre duas ou mais variáveis. A relação entre duas ou mais variáveis pode ocorrer de maneira determinística ou não determinística.

Quando as variáveis se relacionam de maneira determinística, é possível utilizar uma equação para determinar exatamente a relação entre elas. Em problemas reais, porém, a relação entre duas variáveis não pode ser determinada e modelos probabilísticos devem ser utilizados (Montgomery; Runger, 2021; Triola, 2017).

Por exemplo, pode haver uma relação entre o crescimento e o tamanho de peixes em um determinado rio conforme a concentração de poluentes, mas não há uma equação para essa relação.

Para os casos de relações não determinísticas, utilizamos a análise de regressão, um conjunto de ferramentas estatísticas que são usadas para modelar relações entre variáveis (Montgomery; Runger, 2021).

A relação entre duas variáveis pode ser determinada por meio de uma função, e conseguir determinar essa função pode trazer muitas respostas sobre a relação entre as variáveis, dando poder de explicação. Um exemplo dessa situação seria um monitoramento ambiental em que desejamos relacionar os impactos da poluição atmosférica na saúde. Para isso, pode ser utilizada uma determinada análise de regressão, em que uma ou mais variáveis resposta/dependentes estão relacionadas com uma ou mais variáveis.

A análise de regressão irá relacionar variáveis explicativas a uma variável de resposta, também chamadas de *variáveis independentes* e de *variáveis dependentes*, respectivamente (Triola, 2017).

Quando a análise de regressão envolve apenas uma variável explicativa, temos uma regressão simples. Quando envolve mais de uma variável explicativa, trata-se de uma regressão múltipla.

A relação funcional determinada para relacionar duas variáveis X e Y pode ser observada em uma linha de regressão em um gráfico de dispersão, como o Gráfico 4.7, que explica, em média, a variação de Y com X, ou vice-versa.

Consideramos que a linha de regressão representa, em média, a relação entre as variáveis X e Y, pois existem dados fora dessa linha de regressão e que são atribuídos ao acaso.

Gráfico 4.7 – Exemplo de um gráfico de dispersão relacionado às variáveis X e Y, e apresentando regressão com relação não linear entre as variáveis

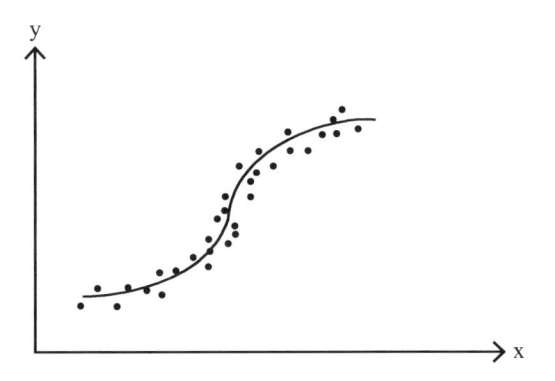

Diversas funções de regressão já foram definidas para diferentes análises de dados, que vão desde regressões amplamente utilizadas, como a regressão linear simples, até modelos para análises mais complexas, unificando diversos modelos, como os modelos lineares generalizados (MLG) e modelos aditivos generalizados (MAG).

Desde os anos 2000, os modelos MLG e MAG vêm sendo amplamente utilizados para tratamentos estatísticos de dados ambientais (Calijuri; Cunha, 2019).

4.5.1 Regressão linear simples

Para análise de regressão linear simples, é desejável a construção de um diagrama de dispersão, em função das coordenadas de X e Y (Martins; Domingues, 2017). Na coordenada X, será representada a variável exploratória (também chamada de *covariável* ou *variável independente*), e no eixo vertical Y será representada a variável resposta (dependente).

O diagrama de dispersão proporciona uma ideia do tipo de relação entre duas variáveis. Caso a natureza da relação apresente um perfil linear, o modelo de regressão linear simples pode ser representado por:

Equação 4.1

$$Y = \beta_1 + \beta_2 X_i + \varepsilon_i$$

em que β_1 é a intercepção da reta, β_2 é a inclinação da reta e ε_i representa o erro aleatório de Y para a observação i.

A inclinação β_2 representa a mudança de Y dependendo de X, ou seja, representa a mudança que ocorrerá em Y para uma particular unidade de X. O valor de Y é representado por α, quando $X = 0$, e ε_i representa uma variável aleatória que descreve o erro de Y para cada observação i (Martins; Domingues, 2017).

4.5.2 Regressão linear múltipla

Algumas análises de regressão exigem modelos mais complexos do que o modelo de regressão linear simples, pois pode haver outras variáveis independentes que explicam as variações na variável resposta. Assim, o modelo de regressão linear múltipla incorpora outras variáveis no modelo com objetivo de melhor explicar e prever o comportamento da variável Y (Martins; Domingues, 2017).

O modelo de regressão linear múltipla pode ser representado por:

Equação 4.15

$$Y_i = \beta_1 + \beta_2 X_{1i} + \beta_3 X_{2i} + \ldots + \beta_k X_{ki} + \varepsilon_i,$$

onde Y_i é a variável de estudo e dependente de outras variáveis, X_{1i}, X_{2i}, ..., X_{ki} são as variáveis independentes e que influenciam em Y_i, com ε_i sendo o erro aleatório componente do modelo.

A Equação 4.15 é uma função linear dos parâmetros desconhecidos β_1, ..., β_k. O parâmetro β_1 e a interseção do plano e β_2, ..., β_k são coeficientes parciais de regressão, pois β_2 mede a variação esperada em Y por unidade de variação em X_{1i}, quando as outras variáveis X_i são mantidas constantes, e assim por diante para os outros coeficientes parciais de regressão (Montgomery; Runger, 2021).

SÍNTESE

Neste capítulo, abordamos algumas distribuições que os dados ambientais podem apresentar, como a distribuição normal, a distribuição lognormal, a distribuição de Poisson e a distribuição t de Student. Como vimos, entender qual a distribuição que os dados analisados apresentam é uma das primeiras etapas para a análise estatística.

Além disso, explicamos como utilizar testes de hipóteses para verificar se os resultados obtidos com os dados amostrais são suficientes para determinar os parâmetros populacionais.

Também abordamos uma metodologia de estimação do número de amostras que deverão ser coletadas de uma população. Como vimos, o tamanho da amostragem é um fator muito importante para atingirmos o objetivo da amostragem e obter resultados confiáveis e estatisticamente significativos, porém nem sempre é fácil e possível obter esse número de amostras.

Vimos também que a estimativa do tamanho da amostragem depende de suposições inerentes às amostragens, do conhecimento do tamanho da população, das distribuições amostrais, da margem de erro aceita e da variabilidade da população.

Diferentes métodos de análise estatística deverão ser aplicados, dependendo da distribuição. Sendo assim, também tratamos dos diferentes métodos de análise de regressão dos dados, como a regressão linear simples e múltipla, as mais comumente utilizadas.

QUESTÕES PARA REVISÃO

1) Quais as diferenças entre distribuições de probabilidade para variáveis discretas e para variáveis contínuas? Dê um exemplo de distribuição de probabilidades para variáveis contínuas e outro para variáveis discretas.

2) Explique a principal diferença entre a regressão linear simples e a regressão linear múltipla.

3) Assinale a alternativa correta sobre as diferentes distribuições de probabilidades e suas características:

   a. Populações com distribuição normal dos dados ou distribuição t de Student apresentam simetria em torno da média.

   b. Uma população com distribuição lognormal dos dados apresenta a média, a mediana e a moda coincidentes.

   c. Uma população com distribuição normal dos dados pode apresentar assimetria de dados com deslocamento para a direita ou para a esquerda.

   d. Uma população com distribuição lognormal de dados apresenta simetria em torno da média.

   e. Uma população com distribuição normal dos dados apresenta a média maior do que a mediana e a moda.

4) É fundamental elaborar uma estimativa do tamanho da amostragem para verificar a viabilidade e a quantidade de recursos necessários para viabilizar um monitoramento ambiental. Essa estimativa pode ser feita com base no conhecimento de alguns parâmetros da população. Assinale a alternativa correta sobre o cálculo do número de amostras:

   a. Só é possível estimar o número de amostras necessárias para uma população finita.

   b. Só é possível estimar o número de amostras necessárias para uma população infinita.

   c. O número de amostras independe do desvio-padrão da população.

   d. O número de amostras dependerá da margem de erro estabelecida.

   e. O número de amostras será calculado de forma igual, independentemente se a população é finita ou infinita.

5) Teste de hipótese é um procedimento para testar uma afirmativa sobre uma propriedade de uma determinada população. Ao testarmos uma hipótese nula, decidimos por rejeitá-la ou não rejeitá-la, sendo que essa decisão pode estar correta ou não. Assinale a alternativa correta sobre os tipos de erros que podem ser cometidos durante um teste de hipóteses:

   a. Um dos erros que podem ocorrer é o de rejeitar a hipótese nula quando ela é, de fato, verdadeira.

   b. Um dos erros que podem ocorrer é o de aceitar a hipótese nula quando ela é, de fato, verdadeira.

   c. Apenas um tipo de erro pode ocorrer, o de rejeitar a hipótese nula quando ela é verdadeira.

   d. Podem ocorrer quatro tipos diferentes de erros.

   e. Um erro comum é o de rejeitar a hipótese nula quando ela é, de fato, falsa.

QUESTÃO PARA REFLEXÃO

1) Com base nos estudos desenvolvidos até aqui, apresente exemplos de situações de monitoramento ambiental em que pode ser aplicada a análise de regressão linear múltipla.

Conteúdos do capítulo:

- Qualidade da amostragem.
- Técnicas de coleta de amostras líquidas, sólidas e de gases e particulados.
- Preparação de amostras antes das análises laboratoriais.
- Ensaios feitos em campo.
- Boas práticas de biossegurança.

Após o estudo deste capítulo, você será capaz de:

1. compreender quais as condições para garantir uma amostragem de qualidade;
2. identificar as diferentes formas de coleta, dependendo do tipo de amostra;
3. apontar as práticas para preparar as amostras para as análises laboratoriais;
4. identificar os principais ensaios que podem ser feitos em campo e quais considerações para prepará-los;
5. indicar as boas práticas de biossegurança para coleta e preparo das amostras.

5

Técnicas de coleta e preparação de amostras

5.1 Qualidade da amostragem

Como vimos nos capítulos anteriores, para obtermos uma amostragem representativa do meio que estamos analisando, vários fatores devem ser considerados e devem estar contidos em um plano de amostragem. Não adianta, no entanto, um bom planejamento e um bom plano de amostragem se a coleta e a manutenção da amostra até a análise não forem conduzidas de forma adequada. Um manuseio inadequado pode tornar a amostra imprópria para a análise.

Devemos sempre considerar a viabilidade de coletar mais de uma amostra de um mesmo ponto, pois, caso o manuseio inadequado inviabilize a análise de uma amostra, haverá outras da mesma coleta feita.

Além disso, quanto maior o número de amostras, mais representativo será o resultado analítico. Evidentemente que a análise do número de amostras para coletarmos dependerá dos recursos disponíveis e dos custos operacionais e das análises laboratoriais envolvidos, como já ressaltamos.

Procedimentos operacionais padrão também devem estar estabelecidos e contidos no plano de amostragem para garantir a qualidade de amostras no monitoramento ambiental. Esses procedimentos operacionais incluem os equipamentos que devem ser utilizados para fazer a coleta, a descontaminação dos equipamentos que serão utilizados, a embalagem que deverá ser utilizada na amostragem, o tipo de transporte, entre outras informações.

Quanto mais detalhado o plano de amostragem de informações operacionais para a coleta e o armazenamento da amostra, menores os erros e a probabilidade de inviabilizar a amostra coletada, consecutivamente, menores as chances de retrabalho.

Além dos procedimentos operacionais, a qualidade da amostragem pode ser garantida por meio de algumas práticas de controle de qualidade, como:

a) Brancos: Os brancos são amostras utilizadas para controle e comparação da presença de contaminantes nas amostras. Por exemplo, água deionizada pode ser utilizada como branco de amostras de contaminantes em soluções aquosas, sendo que é preciso utilizar uma água analisada anteriormente quanto à possível presença de compostos, mesmo que em pequenas concentrações.

b) Duplicata em campo: São retiradas duas amostras diferentes de um mesmo local de coleta e no mesmo tempo. Ambas as amostras podem ser analisadas para verificar a repetitividade e a precisão dos procedimentos de coleta.

c) Incerteza da amostragem: Feita para determinar as variabilidades temporais, espaciais e inerentes do processo de amostragem, e não como representação da população analisada.

5.1.1 Armazenamento e transporte de amostras

Com o planejamento da amostragem, é preciso compreender quais compostos, provavelmente, serão coletados e, com essa informação, determinar em quais frascos as amostras serão armazenadas.

Além disso, sabendo previamente quais compostos serão coletados, é possível prever a necessidade de requisitos de armazenamento específicos para garantir que não ocorra a alteração e/ou a degradação dos compostos coletados, como amostras que podem se decompor com calor e luz. Nesse caso, as amostras precisam ser coletadas e armazenadas em frascos escuros e resfriadas.

Devemos considerar também o tempo entre a coleta e a análise, pois alguns componentes podem não ser sensíveis ao calor e/ou à luz, mas podem se degradar com o tempo, por isso devem estar acondicionados de forma a evitar a degradação nesse meio tempo.

Caixas de isopor ou caixas térmicas costumam ser boas opções para proteger do calor e da luz, porém, se o tempo entre a coleta e a análise for de algumas horas, podemos avaliar a viabilidade de usar gelo seco e uma caixa térmica, com vedação total.

EXEMPLIFICANDO

Sabendo, previamente, da existência de microrganismos nas amostras, devemos acondicioná-las em sacos plásticos permeáveis para a entrada de gases O_2 e CO_2 e, assim, garantir a preservação dos microrganismos presentes.

Além disso, as amostras devem ser acondicionadas em temperatura que garanta a sobrevivência dos microrganismos.

No caso de amostras do solo com microrganismos, é importante evitar distúrbios na amostra, como a compactação, que reduz a capacidade de permeação dos gases O_2 e CO_2 na amostra, alterando as características reais do solo.

PARA SABER MAIS

CETESB – Companhia Ambiental do Estado de São Paulo. **Guia nacional de coleta e preservação de amostras**: água, sedimento, comunidades aquáticas e efluentes líquidos. São Paulo: Cetesb; Brasília: ANA, 2011. Disponível em: <https://arquivos.ana.gov.br/institucional/sge/CEDOC/Catalogo/2012/GuiaNacionalDeColeta.pdf>. Acesso em: 18 set. 2023.

Nesse guia, a Companhia Ambiental do Estado de São Paulo estabelece diversos procedimentos e métodos para a amostragem e a análise de dados ambientais utilizados que devem servir como base em programas de monitoramento e diagnóstico de qualidade ambiental em todo o país.

No Anexo 1 do *Guia nacional de coleta e preservação de amostras*, são apresentados procedimentos para o armazenamento e a preservação de amostras por tipo de ensaio. Entre as informações apresentadas no Anexo 1 estão quais recipientes utilizar para a preservação e o armazenamento de amostras para diferentes ensaios. É um material riquíssimo de informações já validadas pela Agência Nacional de Águas e Saneamento Básico (ANA), que, se seguidas, garantem a qualidade no processo de coleta de amostras ambientais.

Independentemente dos frascos escolhidos para armazenar as amostras, eles devem estar sempre limpos para não contaminá-las. Para isso, é preciso o uso de detergentes apropriados e de água destilada. Após limpos e secos, os frascos devem ser mantidos sempre vedados.

Além do cuidado com os frascos escolhidos, é preciso identificar se existem exigências específicas de preservação de algumas amostras para que não ocorram alterações químicas ou degradações biológicas.

Algumas técnicas de preservação que podem ser utilizadas incluem: adição química, congelamento e refrigeração. No método de preservação por adição química, um produto químico é adicionado à amostra para promover a estabilização dos constituintes de interesse por um período maior. O congelamento e/ou a refrigeração podem ser utilizados associados à adição química ou não, dependendo da necessidade de preservação da amostra.

Por fim, outro cuidado importante na hora do armazenamento e do transporte de amostras é a identificação. As amostras devem ser identificadas com a data e a hora da coleta, o local da coleta e até algum código de controle do histórico das amostras. É importante lembrarmos de utilizar etiquetas e marcadores resistentes ao manuseio, à estocagem e que não saiam com o tempo.

Além disso, a equipe técnica precisa registrar todo o acontecimento da coleta em documento que será catalogado, reportando detalhes como o tipo de amostra, o amostrador utilizado, as pessoas envolvidas na coleta, as condições climáticas no momento da coleta e até as coordenadas geográficas do local desta. Essas informações podem ser utilizadas para alimentar o controle e o histórico de amostras em uma planilha digital.

5.1.2 Principais fontes de erros na amostragem

Como já ressaltamos, os erros durante o processo de amostragem devem ser minimizados para evitarmos gastos excessivos com retrabalhos, invalidação de resultados, além de garantir a eficácia do processo de amostragem e os resultados obtidos.

Os erros podem ocorrer nas diversas etapas do processo de amostragem, desde a etapa de planejamento até a etapa de coleta e de preparo da amostra para a análise laboratorial. Por exemplo, se durante o planejamento é escolhida uma estratégia de amostragem inadequada, a coleta das amostras pode ocorrer em pontos sem contaminantes ou em períodos de tempos não relevantes para o monitoramento ambiental de um determinado composto. Outro exemplo é coletar um número insuficiente de amostras para representar toda a população analisada.

Outra fonte de erro que pode inviabilizar o uso das amostras coletadas é a contaminação no momento de sua coleta. Contaminações cruzadas podem ocorrer pelo uso de equipamentos sem a higienização adequada ou até mesmo pelo contato direto com a mão do operador, que deve sempre fazer uso de luvas. A contaminação da parte interna dos frascos com impurezas do ambiente, como pó e fumaça (normalmente de automóveis e de cigarros) também deve ser cuidadosamente evitada.

Um plano de amostragem detalhado, como já ressaltamos, contendo procedimentos operacionais padrão, específicos para todas as etapas que envolvem a amostragem, reduz significativamente esse tipo de erro.

Além disso, amostras de controle e replicada podem ser utilizadas para minimizar o insucesso do processo de amostragem devido ao erro ocasionado em uma amostra específica.

5.2 Técnicas de coleta para diferentes tipos de amostras

A coleta de amostras para monitoramento ambiental é uma das etapas mais importantes e pode inviabilizar o programa, caso não seja feita de forma correta, como já ressaltamos em outras passagens. Sendo assim, é fundamental que a amostragem seja colhida com toda a precaução técnica, evitando possíveis erros, como contaminações e perdas de amostras representativas do meio.

Os diferentes meios (água, ar, solo) apresentam requisitos técnicos e considerações específicas para cada caso, as quais serão discutidas a seguir.

Independentemente do tipo de amostra, é importante registrar todas as informações sobre o momento da coleta. Esse registro pode ser mantido em uma ficha com informações de cada amostra ou de um grupo de amostras semelhantes e com as mesmas características. Os principais dados que o registro deve conter são:

- informações sobre o programa de amostragem e a instituição responsável e/ou interessada;
- informações sobre a equipe técnica que fez a coleta;
- número de identificação da amostra;
- identificação do local de amostragem com informações gerais, como endereço, e informações específicas, como georreferenciamento;
- data e hora da coleta;
- natureza da amostra;
- condições climáticas do local, como temperatura ambiente, clima e presença de chuva no dia, mesmo que não seja na hora da coleta;
- medidas coletadas em campo, como pH, coloração visual, turbidez etc.;
- equipamentos e frascos utilizados;
- quaisquer eventuais observações de campo.

5.2.1 Amostragem de meios líquidos

Para a coleta de amostras em corpos d'água, a primeira consideração que deve ser feita é que **todo corpo d'água é um sistema heterogêneo** e que, independentemente do local da amostra, **dificilmente será representativo de todo o sistema**.

Além disso, devemos considerar que pode haver variações nas concentrações dos componentes analisados em diferentes profundidades. A presença de luz, calor e até a solubilidade de gases em contato com o corpo d'água influenciam na concentração dos componentes presentes.

Outro fator que deve ser considerado para definir os locais de amostragem é a presença de zonas de mistura, onde dois ou mais tipos de água se misturam, sendo que a coleta deve ser feita em um ponto onde já ocorreu a completa mistura.

A Figura 5.1 ilustra um exemplo de caso onde ocorre a mistura de duas correntes diferentes de líquidos. A vista superior ilustra a dispersão lateral do efluente, evidenciando a seção A-A, onde já aconteceu a completa mistura do efluente no rio, e a seção B-B, onde ainda há mistura parcial do efluente no rio. O corte lateral, na figura, ilustra a dispersão vertical e a lateral do efluente.

Como podemos observar na Figura 5.1, a escolha equivocada do local de coleta poderá gerar resultados que não representam o corpo d'água, por exemplo, na seção B-B da figura.

Figura 5.1 – Representação esquemática de uma zona de mistura do lançamento de um efluente com o rio

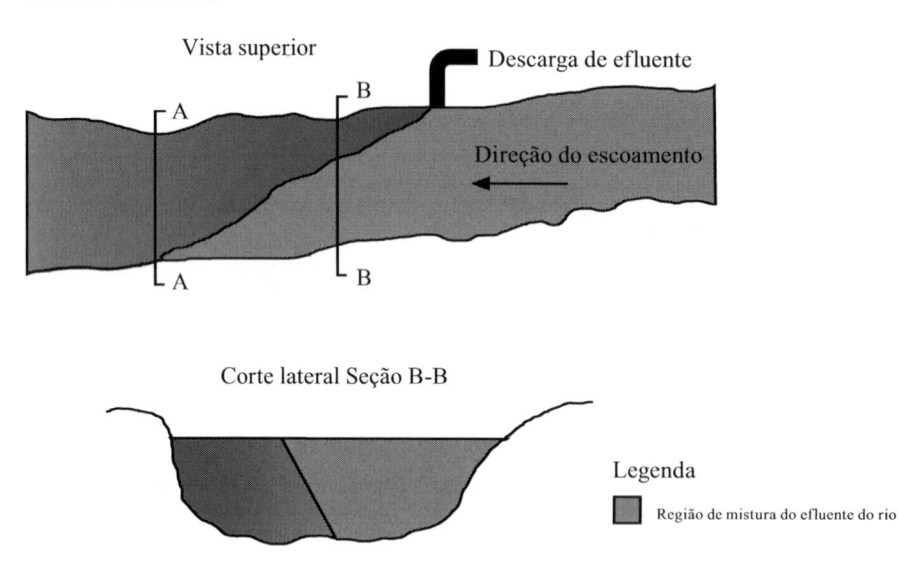

Fonte: Cetesb, 2011, p. 41.

Coletas próximas à superfície podem ser feitas com frascos simples, como garrafas de vidro, de plástico ou de metal, dependendo do parâmetro ou do componente a ser analisado. A coleta de amostras em regiões mais profundas deve ser feita com equipamentos especiais que se abrem na profundidade desejada (Rocha; Rosa; Cardoso, 2009).

Além disso, é importante saber qual a profundidade total do local para definir a profundidade de coleta das amostras. Para saber a profundidade total do local de amostragem, são utilizadas cordas metradas com um peso extra na extremidade, ou ecobatímetro, no caso de coletas com o uso de embarcações.

Para coleta de águas subterrâneas, costumamos utilizar poços de monitoramento, que, geralmente, são perfurados em áreas de disposição de resíduos sólidos poluentes, como aterros sanitários e cemitérios. Poços de monitoramento também são utilizados para detectar vazamentos em regiões de postos de gasolina e depósitos de combustíveis (Rocha; Rosa; Cardoso, 2009).

No caso de coletas com poços de monitoramento, antes da coleta, é necessária a purga dos poços para retirar a água estagnada e evitar a alteração dos resultados.

Para a coleta de água residual com efluentes domésticos e industriais, existem equipamentos com amostradores automáticos que podem ser programados para coletar amostras em intervalos de tempo predeterminados (Costa, 2013; Gimenez, 2004; Rocha; Rosa; Cardoso, 2009).

Com os amostradores automáticos, é possível gerar uma grande quantidade de dados, que são armazenados e catalogados com informações importantes, como a hora e o local de cada coleta. Com os amostradores automáticos, o monitoramento é constante e ininterrupto, permitindo identificar facilmente a presença de eventos cíclicos ou pontuais. Por exemplo, facilita a investigação de lançamentos clandestinos de efluentes ou a relação com eventos climáticos. Além disso, quando acoplados a computadores com acesso a uma rede de dados, é possível a transmissão dos dados em tempo real, facilitando o monitoramento.

No momento da coleta de amostras de corpos d'água, um dos grandes desafios é o de não perturbar a região amostral, misturando-a com sedimentos. Independentemente do tipo de amostra líquida a ser coletada, é preciso sempre evitar a perturbação do local de coleta, pois isso pode causar interferência na amostra coletada, não sendo representativa do ponto de coleta analisado.

No caso de coletas feitas com o apoio de embarcações, estas devem ficar nas mesmas posições e desligadas durante todo o procedimento de coleta.

Exercício resolvido 5.1

A amostragem para o monitoramento da qualidade da água pode ser feita com coletas pontuais ou ao longo de todo o corpo d'água, dependendo do objetivo do monitoramento e das características da contaminação. Quando a amostragem pontual é favorável e quando a amostragem difusa deve ser realizada? Cite um exemplo de cada caso.

Resolução

No caso do monitoramento de fontes pontuais de poluição, podemos fazer coletas apenas no entorno do ponto onde está ocorrendo a fonte de poluição. Por exemplo, no caso do monitoramento de algum poluente agrícola, quando sabemos exatamente o ponto onde a poluição ocorre. O ideal é que três coletas pontuais sejam feitas: uma coleta na região à montante do impacto, para avaliar as condições do corpo d'água sem poluição; uma coleta na região afetada diretamente com o poluente; e outra coleta à jusante do ponto de poluição, para avaliar o impacto ou a capacidade de recuperação do corpo d'água após o impacto sofrido.

No caso de fontes difusas de poluição ou quando não sabemos exatamente onde está ocorrendo uma fonte pontual de poluição, devemos fazer a coleta de amostras ao longo de todo o corpo d'água. Um exemplo é um rio próximo de uma região urbana e industrial, onde diversas fontes de poluição podem existir e com diferentes contaminantes.

Para a análise e o monitoramento de corpos d'água, alguns parâmetros podem ser analisados *in situ* por meio de equipamentos portáveis, como elétrodos para análise do pH e da condutividade elétrica. A grande maioria dos compostos a serem analisados na água, no entanto, requerem sua determinação em laboratórios – por exemplo, quando há a presença de metais tóxicos.

As amostras que precisam ser enviadas para análises laboratoriais devem ser armazenadas em frascos, geralmente, de vidro escuro. Frascos de plástico ou metal podem interagir com a amostra coletada, alterando as propriedades e interferindo na análise. Devemos analisar também o tipo da tampa utilizada para fechar o frasco; normalmente, as mais adequadas são as rosqueáveis, com boa vedação. Tampas de borracha devem ser evitadas, pois podem se desintegrar ou liberar traços do material na amostra. No caso de amostras com características alcalinas, devemos evitar o uso de tampas de vidro.

Alguns equipamentos utilizados para a coleta de amostras líquidas são apresentados no Quadro 5.1. A forma de utilização e os detalhes de cada equipamento podem ser encontrados no *Guia nacional de coleta e preservação de amostras* (Cetesb, 2011).

Quadro 5.1 – Equipamentos utilizados para a coleta de amostras líquidas

Equipamento	Função	Aplicação
Balde de aço inox	Amostragem na superfície de corpos d'água	Coleta de águas superficiais
Coletor com braço retrátil	Coletar amostras de difícil acesso	Coleta de águas superficiais
Batiscafo (Figura 5.2)	Coletar amostras que não podem sofrer aeração	Coleta de águas superficiais
Garrafa de van Dorn (Figura 5.3) e de Niskin (Figura 5.4)	Coleta de água em fluxo	Coleta de águas superficiais e profundas
Bomba de água	Coleta de grandes volumes de água e em diferentes profundidades	Coleta de águas profundas

Na Figura 5.2, vemos um esquema ilustrativo de um batiscafo, utilizado para coleta de amostras líquidas em águas superficiais. Uma das aplicações do batiscafo é para a coleta de amostras com o intuito de determinação de oxigênio dissolvido.

Figura 5.2 – Esquema ilustrativo em corte de um equipamento de batiscafo, para coleta de amostras líquidas

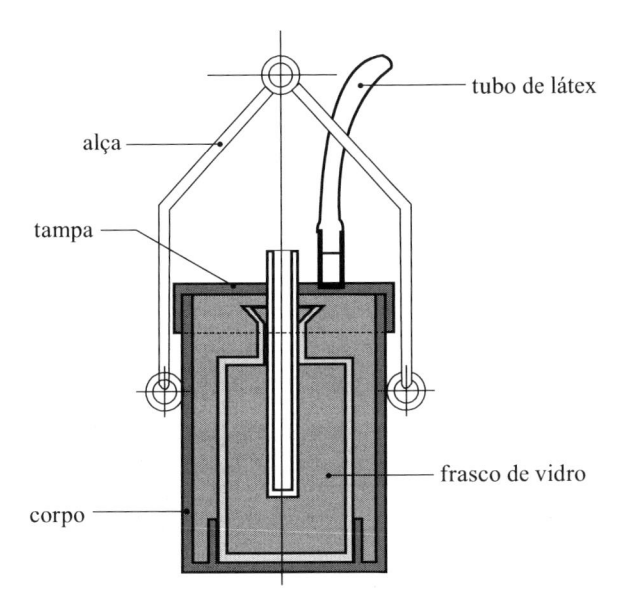

Fonte: Cetesb, 2011, p. 85.

Nas Figuras 5.3 e 5.4, vemos imagens representativas de uma garrafa Van Dorn e de uma garrafa de Niskin, respectivamente.

Figura 5.3 – Imagem representativa de uma garrafa Van Dorn de policloreto de vinila (PVC), indicada para coleta de água do fundo

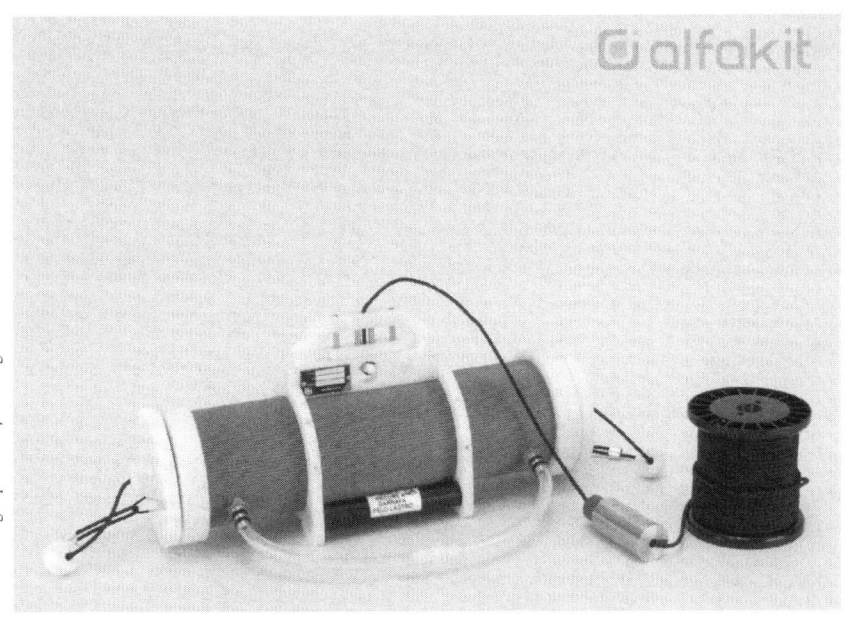

Garrafa de Van Dorn Horizontal para coleta de amostras estratificadas de água em lagos e córregos próximos ao fundo para estudo dos fatores abióticos, projetadas para atender todas as necessidades de coleta horizontal de amostras de água para medição. Código 56.

Fonte: Alfakit, 2023.

Figura 5.4 – Garrafa do tipo Niskin para coleta de água na vertical

NHPA/Avalon/Paulo de Oliveira/picture alliance/Imageplus

Ambas as garrafas podem ser utilizadas na coleta de amostras para determinar oxigênio dissolvido, tanto para coletar amostras superficiais quanto amostras em profundidade.

5.2.2 Amostragem de gases e particulados

Amostras do ar atmosférico costumam ser bem homogêneas e muito diluídas, uma vez que as partículas dos compostos poluidores comumente se dispersam rapidamente. Fatores como correntes de ar, precipitações e temperatura podem influenciar nas concentrações de determinados componentes no ar, por isso condições ambientais e climáticas devem ser analisadas antes da etapa de amostragem.

Pequenos volumes de ar podem ser coletados com o auxílio de equipamentos como seringas ou bombas manuais e frasco de coleta em vidro, com torneiras nas extremidades. Devemos analisar, no entanto, se a pequena quantidade coletada será suficiente para quantificar as amostras coletadas, considerando que amostras do ar costumam estar extremamente diluídas.

Também podem ser utilizados tubos colorimétricos, que são pequenos tubos contendo reagentes que mudam de cor na presença de algum analito específico.

A Figura 5.5 ilustra exemplos de tubos colorimétricos para leituras instantâneas de analitos.

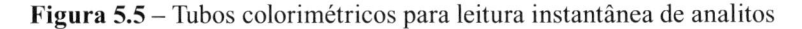

Figura 5.5 – Tubos colorimétricos para leitura instantânea de analitos

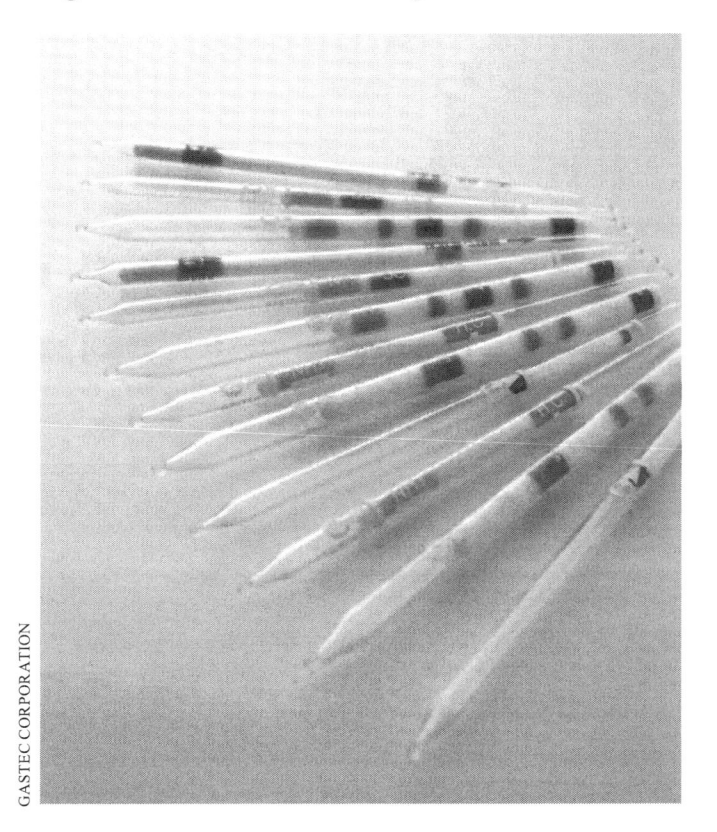

GASTEC CORPORATION

Fonte: Faster, 2023.

Para a análise dos componentes presentes em uma amostra de ar atmosférico, utilizamos métodos analíticos químicos que sejam sensíveis a concentrações extremamente baixas, na faixa de ppm. Em muitos casos, as concentrações de poluentes no ar são tão baixas que é preciso uma etapa para concentrar a amostra (Rocha; Rosa; Cardoso, 2009).

Nesses casos, equipamentos para pré-concentração da amostra são acoplados à unidade base de acondicionamento da amostra, como um borbulhador de vidro contendo líquido ou um tubo contendo um sólido sorvente.

O conhecimento das propriedades químicas e físicas da amostra gasosa a ser coletada também favorece a escolha de métodos para coleta e análise dos componentes presentes. Por exemplo, para a coleta de uma amostra gasosa composta por álcoois, pode ser utilizado um borbulhador com água, uma vez que o álcool é solúvel em água e ficará retido.

> **O QUE É**
>
> *Sólidos sorventes* são materiais com a capacidade tanto de adsorver analitos em sua superfície como de absorver analitos que atravessam a sua superfície (Dutra, 2014).

A amostragem de componentes presentes no ar também pode ser feita por meio de amostradores passivos. Os amostradores passivos coletam o gás por meio dos fenômenos de difusão e/ou de permeação molecular.

A tendência natural dos gases é difundir-se com a mesma concentração em todos os pontos do recipiente e/ou volume que estão ocupando. Sendo assim, se um frasco aberto for colocado dentro de um local, após um determinado tempo, ele terá a mesma concentração dos compostos do ar que estão presentes nesse determinado local.

A permeação de moléculas gasosas ocorre quando elas entram em contato com uma superfície porosa e tendem a penetrar no interior dessa superfície. A taxa de permeação dos gases em amostradores passivos dependerá de fatores como a solubilidade do gás no material e a porosidade do material.

5.2.3 Amostragem do solo

Ao contrário do ar, normalmente, o solo é pouco homogêneo e diferentes concentrações de contaminantes serão encontradas em diferentes pontos de análise do solo, bem como poderá ocorrer a contaminação do solo em alguns pontos isolados.

Para definir os pontos de coleta do solo, inclusive a profundidade da coleta, é preciso compreender as características do componente que desejamos analisar. Por exemplo, se sabemos que o composto a ser analisado é pouco solúvel e tem um coeficiente de partição do carbono orgânico alto, a mobilidade do composto será baixa, e não é necessária uma amostragem em pontos muito profundos.

> **O QUE É**
>
> *Coeficiente de partição de carbono orgânico* é uma medida de tendência que um determinado composto orgânico tem de ser adsorvido em solos e sedimentos.

Quando desejamos obter uma análise geral do solo, retiramos amostras em vários pontos da área monitorada e, depois, todo o material recolhido é misturado até sua homogeneização, quando, então, é analisado. Quando desejamos compreender se existem áreas mais contaminadas e até a distribuição da contaminação no solo, as amostras coletadas em diferentes pontos são analisadas de forma separada. Normalmente, o plano de amostragem do solo envolve o desenvolvimento de grades amostrais, para definir onde serão feitas as coletas.

Diversas técnicas existem e podem ser utilizadas para coleta de amostras do solo. Elas podem ser divididas em dois grupos: 1) as técnicas de amostragem de forma contínua por meio de um tubo inserido no solo; e 2) as técnicas de coleta segmentadas do solo.

A técnica de coleta ideal dependerá da localização dos compostos de interesse, por exemplo, sua profundidade, o tipo do solo e as propriedades do contaminante. Quando o solo precisa ser analisado em diferentes profundidades também é preciso utilizar ferramentas como brocas, trados e tubos para perfurá-lo, ou cavadeiras, para fazer trincheiras até a profundidade desejada (Rocha; Rosa; Cardoso, 2009).

PARA SABER MAIS

FILIZOLA, H. F.; GOMES, M. A. F.; SOUZA, M. D. (Ed.). **Manual de procedimentos de coleta de amostras em áreas agrícolas para análise da qualidade ambiental**: solo, água e sedimentos. Jaguariúna: Embrapa Meio Ambiente, 2006.

Pesquisadores da Embrapa Meio Ambiente desenvolveram e compilaram, nesse material, um conjunto de métodos de análise ambiental de áreas rurais, especialmente para análise da qualidade da água e do solo. Nesse manual, são apresentados diversos procedimentos para a coleta de amostras de solo, água e sedimentos, sendo uma oportunidade para aprofundamento dos temas abordados neste capítulo.

Além disso, o material reúne métodos e boas práticas para todo o planejamento da amostragem, incluindo a escolha do tipo de amostragem, como fazer a coleta, o transporte e o armazenamento das amostras. O livro abrange uma grande quantidade de situações e análises ambientais que podem ser aplicadas até mesmo em situações que ocorrem em áreas não agrícolas.

Alguns equipamentos utilizados para a coleta de amostras sólidas são apresentados no Quadro 5.2.

Quadro 5.2 – Equipamentos utilizados para a coleta de amostras sólidas

Equipamento	Função	Aplicação
Pegador de Ekman-Birge (Figura 5.6)	Coleta de sedimentos em reservatórios ou com correnteza leve	Coletar amostras de sedimentos no fundo de corpos d'água
Pegador Petersen e van Veen (Figura 5.7)	Coleta de amostras de sedimentos de areia, cascalho e argila	Coletar amostras de sedimentos no fundo de corpos d'água
Pegador Shipek	Coleta de amostras de sedimentos no fundo de corpos d'água com o mínimo de distúrbio	Coletar amostras de sedimentos no fundo de corpos d'água
Amostrador em tubo ou testemunhador	Coleta de sedimentos finos em água com baixa perturbação	Coletar amostras de sedimentos

Figura 5.6 – Pegador do tipo Eckman de aço inoxidável de aproximadamente 5 kg

Fonte: Limnotec, 2023.

Figura 5.7 – Pegador do tipo Van Veen de aço inoxidável de peso aproximado de 8 kg

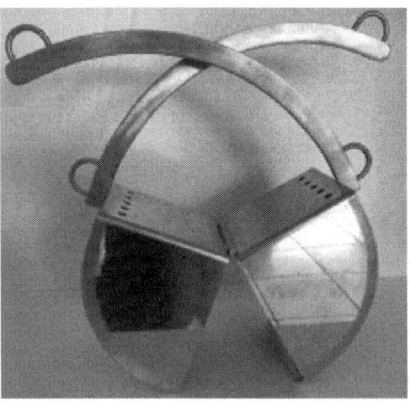

Fonte: Limnotec, 2023.

A forma de utilização e os detalhes de cada equipamento podem ser encontrados no *Guia nacional de coleta e preservação de amostras* (Cetesb, 2011).

5.3 Preparação da amostra antes da análise

Após a coleta da amostra, muitas vezes, é preciso um pré-tratamento antes da análise laboratorial. O pré-tratamento dependerá da natureza da amostra (se é líquida, sólida ou gasosa), dos compostos que desejamos detectar, do método de análise e da existência de protocolos e normas que devem ser seguidos para a análise de determinada amostra.

Essa é considerada uma etapa crítica do processo de monitoramento, pois muitos erros podem ocorrer, inclusive, há grandes chances de inviabilizar o uso da amostra nessa fase.

Idealmente, devemos fazer os pré-tratamentos mais simples, rápidos e econômicos possíveis para obtermos a amostra na condição desejada para a análise.

5.3.1 Preparo de amostras líquidas

Normalmente, a preparação das amostras começa com a pesagem e, quando é o caso, a homogeneização. Em algumas situações, a partir de uma amostra são separadas outras subamostras. Para extrairmos as subamostras, é preciso utilizar técnicas apropriadas, como extração líquido-sólido, extração por Soxhlet, extração em fase sólida, entre outras.

Em alguns casos, as amostras precisam passar por uma etapa de concentração ou de eliminação de interferentes.

Quando a amostra está na fase líquida, a concentração pode ser feita facilmente por meio da evaporação da solução por aquecimento, desde que não exista nenhum risco de a substância de interesse ser carregada com a evaporação do solvente. No caso de misturas líquidas miscíveis, quando desejamos apenas um dos componentes da mistura, podemos utilizar o processo de destilação, com absorção do composto de interesse em uma solução apropriada.

A técnica de filtração costuma ser utilizada para eliminar partículas grandes e indesejadas, por ser considerada uma técnica relativamente simples.

Muitas técnicas de caracterização requerem tamanhos de partículas específicas para a análise ser possível, podendo exigir membranas e filtros para separar partículas de tamanhos específicos.

Além disso, em alguns casos, para ser possível separar os compostos de interesse, é necessária uma etapa de precipitação ou de complexação de interferentes por meio da adição de algum produto químico que favoreça essas condições. Além disso, a concentração dos elementos de interesse pode ser feita por meio de troca iônica e da extração por solventes.

Em algumas situações, pode ser necessário o uso de técnicas mais robustas para o preparo das amostras, como extração assistida por ultrassom, digestão em bloco digestor e digestão em micro-ondas.

A extração assistida por ultrassom pode ser utilizada para aumentar a concentração das espécies de interesse em uma determinada solução. A digestão em bloco digestor costuma ser utilizado para preparar amostras para análises de traços de metais. A metodologia de digestão em forno de micro-ondas é utilizada quando desejamos fazer a digestão das amostras em menos tempo, evitando o risco de perdas de amostras por volatilização e até para se obter a decomposição de um grande número de amostras rapidamente.

> ## O QUE É
>
> *Digestão de amostras ambientais* é a decomposição das amostras por via úmida, também chamada de *decomposição oxidativa*. Na digestão, ocorre a decomposição de compostos orgânicos e inorgânicos em seus elementos constituintes.

5.3.2 Preparo de amostras sólidas

Para amostras sólidas, normalmente, o principal pré-tratamento que precisa ser feito é a moagem e a homogeneização para que a análise seja representativa de toda amostra, e não só de uma parte dela.

Alguns equipamentos permitem a análise direta de sólidos e suspensões, porém a grande maioria dos equipamentos não é capaz de fazer essa análise direta, sendo necessária a diluição do material sólido em meio líquido.

Diversas estratégias podem ser adotadas para o preparo de amostras sólidas. Apresentamos alguns exemplos a seguir:

a) **Dissolução em solução**: É um dos métodos mais simples para preparar amostras sólidas. Por meio dele, pequenas quantidades de amostras são diluídas em uma determinada solução. A escolha da solução vai depender dos componentes presentes na amostra, sendo que algumas soluções podem favorecer algum tipo de alteração química dos componentes da amostra. Por exemplo, uma solução ácida pode alterar o estado de oxidação de algum elemento presente na amostra. Em algumas situações, essas alterações químicas dos componentes da amostra podem ser desejáveis para ser possível sua detecção em uma determinada análise.

b) **Decomposição por via seca**: Por meio desse método, a amostra é aquecida em um forno tipo mufla, em altas temperaturas (entre 400 e 800 °C), favorecendo a eliminação da matéria orgânica presente e restando outros tipos de substâncias presentes, como metais. O resíduo gerado após a decomposição é dissolvido em um solvente. Essa técnica torna possível concentrar substâncias em baixas concentrações, porém pode ocorrer a perda de alguns elementos voláteis. Além disso, é preciso levar em consideração o alto gasto energético dessa técnica no preparo de amostras.

c) Fusão: Essa técnica costuma ser utilizada para o preparo de amostras minerais, convertendo-os em materiais sólidos que podem ser dissolvidos em ácidos, bases ou até mesmo em água. Para isso, a amostra é moída, colocada em um cadinho e levada ao aquecimento em mufla em altas temperaturas. Em alguns casos, é preciso adição de reagentes para favorecer a fusão do material. Além disso, é necessário cuidar na escolha do material do cadinho, pois pode ocorrer a contaminação da amostra com materiais do cadinho. A escolha do material do cadinho dependerá da composição da amostra e da técnica de análise utilizada depois do preparo.

5.4 Ensaios em campo

Algumas análises podem ser feitas diretamente no local de coleta. Como já ressaltamos, elas oferecem a vantagem de diminuir riscos e erros durante o armazenamento e o transporte das amostras.

Um grande número de amostras, porém, requerem muitas horas de trabalho em campo ou uma equipe robusta para tornar a coleta possível. Devemos nos prevenir para evitar que fatores adversos em campo desviem a atenção do operador na hora do ensaio ou que o prazo de trabalho da equipe em campo seja curto e, por isso, seja feito sem os devidos cuidados.

Alguns ensaios que podem ser feitos em campo serão discutidos a seguir.

5.4.1 Cloro residual

O cloro residual na água é composto por cloro livre, cloro total e cloro combinado. O cloro livre é formado por partículas de cloro disponível para oxidar e se ligar a radicais nitrogenados, como o íon hipoclorito (ClO^-) e o ácido hipocloroso ($HClO$). O cloro combinado é formado por partículas de cloro que se ligaram a um radical nitrogenado, como o monocloroamina ou o tricloroamina. O cloro residual total é a soma do cloro residual livre com o cloro residual combinado.

O cloro residual livre, por estar em estado disponível para oxidar e ligar-se a radicais, apresenta grande instabilidade e rápida degradação. Sendo assim, a sua determinação deve ocorrer em campo, inclusive, antes das demais amostras, pois, durante o tempo de transporte para uma análise laboratorial, boa parte do cloro livre terá se transformado em cloro combinado.

Uma das formas de mensurar o cloro residual livre é por meio do método colorimétrico, também conhecido como *método DPD*. Nesse método, o cloro livre oxida as partículas de DPD (N, N-dietil-p-fenilenediamina), produzindo uma substância de coloração rosa.

A intensidade da coloração rosa é diretamente proporcional à concentração de cloro residual livre presente na amostra.

5.4.2 Oxigênio dissolvido

Os dois principais métodos para a determinar o oxigênio dissolvido em corpos d'água são o método eletrométrico e o método Winkler (modificado pela azida sódica). A determinação de oxigênio dissolvido pelo método eletrométrico pode ser feita diretamente no corpo d'água ou em um recipiente utilizado para coletar a amostra e pode ocorrer por meio:

- **Polarográfico**: Um sistema que trabalha por pulso elétrico e não necessita de agitação. Ele é ideal para águas com altas concentrações de oxigênio dissolvido.
- **Galvânico**: Sistema constituído por uma célula galvânica e que faz a determinação do oxigênio dissolvido por meio da difusão através da membrana. Pode ser utilizado em todos os tipos de água, porém necessita de agitação.
- **Ótico**: Sistema que faz a detecção por luminescência. Pode ser utilizado em todos os tipos de água e não necessita de agitação.

O método de Winkler para detectar oxigênio dissolvido ainda é o mais empregado e pode ser utilizado em corpos d'água em geral (Cetesb, 2011). Esse método, porém, aplica-se apenas para oxigênio dissolvido em concentrações superiores a 0,1 mg/l. Além disso, o método não pode ser aplicado quando há a presença de interferentes como sulfitos, tiossulfato e cloro livre.

5.4.3 Condutividade e salinidade

A condutividade está relacionada à capacidade da água de conduzir corrente elétrica e está diretamente relacionada com a presença de íons e com a temperatura da água. A presença de íons, normalmente, ocorre devido à presença de sais dissolvidos na água. A condutividade da água pode ser utilizada, portanto, como um indicativo da presença de contaminantes na água e de modificações na composição do corpo d'água.

Concentrações acima de 100 μS/cm já indicam ambientes com contaminantes (Cetesb, 2011). A concentração de todos os íons dissolvidos na água representa a salinidade da água e pode ser determinada por meio de medidas de condutividade, densidade, índice de refração, entre outros.

A condutividade e a salinidade podem ser determinadas diretamente no local da coleta por meio de equipamentos portáteis, como um condutivímetro e um salinômetro, os quais são acoplados a uma sonda ou sensor.

A análise pode ser feita diretamente na água ou por meio de uma amostra coletada.

5.4.4 Potencial hidrogeniônico

O potencial hidrogeniônico, amplamente conhecido como pH, está relacionado à concentração de íons hidrogênio na água. Os valores de pH podem varia de 0 a 14 e, quanto menor o valor, mais ácida está a solução, logo, quanto maior o valor de pH, mais básica a solução.

Um pH de sete representa uma solução neutra. Isso porque, quanto menor o valor de pH, maior é a concentração de íons hidrônio (H_3O^+) e menor a concentração de íons OH^-.

A determinação de pH pode ser feita com elétrodos específicos, que mensuram uma diferença de potencial, ou seja, o potencial da presença de íons H_3O^+ na solução. Essa determinação pode ser feita diretamente no corpo d'água.

5.4.5 Potencial redox

O potencial redox está relacionado ao potencial de oxidação e de redução de um determinado meio, ou seja, serve para avaliar a presença de reações de oxidação e de redução e o equilíbrio entre elas.

A determinação do potencial redox é feita por meio de um elétrodo específico, como um medidor de pH.

5.4.6 Temperatura da água e do ar

A temperatura da água e do ar é um dado importantes para ser analisado em campo e anotado na ficha da coleta, pois poderá ser uma informação relevante para posterior interpretação dos dados ambientais analisados, uma vez que interfere nas concentrações, nas movimentações da água e do ar e na presença de organismos vivos.

A medição da temperatura da água próximo da superfície pode ser feita com termômetro de imersão parcial, ou por meio de sensores de temperatura. Quando não é possível medir a temperatura diretamente no corpo d'água, podemos retirar uma amostra para fazer a medida.

É imprescindível, porém, que essa medição seja feita imediatamente após a coleta, para evitarmos alterações devido à diferença de temperatura com a atmosfera. Quando desejamos medir a temperatura da água em uma certa profundidade, é possível utilizar equipamentos eletrométricos com sonda de profundidade e sensor de temperatura.

Para determinarmos a temperatura do ar, também podemos utilizar equipamentos eletrométricos com sensor de temperatura. No entanto, é preciso precaução para que não haja incidência direta de luz solar, pois isso influencia na verificação da medida.

5.4.7 Transparência

A transparência da água está relacionada à pureza ou à presença de partículas suspensas e sua determinação é obtida por meio do disco de Secchi. Para analisar a transparência, o disco é submerso na água até desaparecer, verificando-se a medida do cabo graduado do disco.

Mesmo sendo um ensaio fácil e prático, alguns cuidados devem ser tomados. A análise precisa ser feita em condições de céu claro, preferencialmente à sombra e com pouca agitação da água.

Além disso, o operador deve estar posicionado de maneira que sua visão fique verticalmente na mesma linha do eixo central do disco.

5.4.8 Turbidez

A turbidez é caracterizada pela redução de transparência de uma solução devido à presença de materiais em suspensão. Sendo assim, o método de determinação da turbidez é baseado na determinação de uma intensidade de luz que se dispersa pela amostra comparada com a intensidade de luz dispersa em uma suspensão-padrão.

A determinação da turbidez é feita por meio de um método nefelométrico, com o auxílio de um turbidímetro.

5.4.9 Sólidos sedimentáveis

Os sólidos sedimentáveis são compostos de todo material que sedimentará por meio da ação da gravidade em uma amostra aquosa.

O método utilizado para determinar sólidos sedimentáveis é a decantação, por ação da gravidade, dos sólidos presentes na amostra com maior densidade do que a da água.

Após a coleta da amostra, o ensaio de sólidos sedimentáveis precisa ser feito o mais rápido possível, em campo ou em laboratório. O prazo máximo é de 24 horas após a coleta (Cetesb, 2011).

5.5 Boas práticas de segurança do trabalhador

Além dos cuidados com a preservação das amostras durante a coleta e o preparo antes da análise química, é preciso lembrar dos cuidados com as pessoas envolvidas nessas atividades. Vale ressaltar que, possivelmente, são amostras com contaminantes que podem representar risco à saúde e ao meio ambiente.

Boas práticas para proteção da equipe incluem considerar sempre o material coletado como altamente perigoso, utilizando equipamentos de proteção individual adequados e tampando qualquer tipo de ferida com atadura à prova d'água.

Após o retorno de trabalho em campo, sempre retirar sapatos e roupas que possam estar contaminados, para não distribuir materiais poluentes por outros ambientes.

Ao abrir os frascos com material coletado, cuidar para não haver derramamento e liberação de gases poluentes.

SÍNTESE

Neste capítulo, abordamos as diferentes técnicas de coleta e de preparação de amostras ambientais.

Destacamos boas práticas operacionais para garantir a qualidade da amostragem, como a maneira adequada e correta para transportar e armazenar amostras e quais fatores devem ser levados em consideração para definir os melhores materiais para os equipamentos e frascos usados nas coletas. Além disso, ressaltamos fontes de erros que devem ser evitados para obtermos amostras de qualidade.

Apresentamos, também, as especificidades nas técnicas de coletas de amostras dependendo do meio amostrado. Vimos, por exemplo, que o solo, normalmente, apresenta características de baixa homogeneidade, razão por que devem ser utilizadas algumas estratégias para obtermos uma amostra representativa de uma determinada região do solo. Já amostras do ar são extremamente diluídas e homogêneas e, em alguns casos, requerem etapas de concentração para atingir o limite de detecção na etapa laboratorial.

Indicamos algumas práticas para pré-tratamento e preparação das amostras para as análises laboratoriais. Vimos que as etapas de pré-tratamento dependem tanto das características da amostra coletada quanto dos requisitos da técnica que será utilizada, bem como do objetivo de detecção do componente analisado. Podem ser utilizadas tanto técnicas simples, como a amostragem, quanto técnicas mais avançadas e complexas, como extração assistida por ultrassom.

Algumas análises químicas podem ser feitas diretamente no local da amostragem, como abordado neste capítulo, evidenciando os cuidados que devem ser tomados para ensaios em campo. Além disso, indicamos boas práticas para garantir a segurança dos trabalhadores no momento da coleta e do preparo das amostras.

QUESTÕES PARA REVISÃO

1) Para o monitoramento ambiental da qualidade do ar de uma grande cidade, quais são as consequências da obtenção de dados de baixa qualidade?

2) Cite exemplos de erros que podem ocorrer na etapa de planejamento de amostragem para o monitoramento de poluentes atmosféricos industriais.

3) No caso de amostras que não podem ser analisadas *in loco*, após a coleta, a amostra deve ser encaminhada para o laboratório que fará as análises desejadas. Assinale a alternativa correta sobre a análise de amostras ambientais:

   a. A amostra deve ser analisada exatamente do jeito que foi coletada.

   b. Algumas amostras precisam de uma etapa de pré-tratamento antes de serem analisadas por métodos analíticos.

   c. O transporte e o armazenamento das amostras coletadas pouco influenciarão na qualidade dos dados obtidos.

   d. Normalmente, amostras gasosas estão extremamente concentradas e precisam ser diluídas para serem analisadas em equipamentos como o CG-MS.

   e. O transporte de amostras líquidas deve ser sempre em frascos de vidro.

4) O monitoramento de corpos d'água é muito utilizado para verificar a existência de poluição proveniente do lançamento indevido de efluentes industriais. Assinale a alternativa correta sobre o processo de amostragem da água:

   a. A maioria das caracterizações da água pode ser feita *in situ*, dispensando a etapa de transporte para análises em laboratórios.

   b. No plano de amostragem de amostras líquidas, devemos considerar o planejamento de como as amostras serão armazenadas e transportadas.

   c. Para garantir a homogeneidade da amostra coletada, é recomendada a agitação da água no local da amostra.

   d. A dispersão dos contaminantes na água ocorre rapidamente, não sendo necessárias coletas em diferentes profundidades.

   e. A coleta da água deve ser sempre feita o mais profundo possível, pois os poluentes, normalmente, são mais densos do que a água e irão para o fundo.

5) Assinale a alternativa correta sobre a amostragem do solo:

   a. As diversas amostras coletadas do solo devem ser homogeneizadas para que seja possível analisá-las e obter conclusões sobre o solo.

   b. Devido à característica de homogeneidade do solo, apenas com algumas amostras é possível tirar conclusões de uma região inteira do solo.

   c. A contaminação do solo ocorre de forma regular, portanto não é preciso coletar amostras em diferentes profundidades.

   d. A amostragem aleatória é a melhor estratégia de amostragem do solo.

   e. A análise do solo, normalmente, é feita *in loco*.

QUESTÃO PARA REFLEXÃO

1) O que é necessário para garantir a qualidade de um resultado em uma análise laboratorial quando uma amostra desconhecida chega ao laboratório com o pedido de determinação da presença e da concentração um analito específico? Elabore um texto escrito com sua resposta e justifique-a.

CONTEÚDOS DO CAPÍTULO:

- Avaliação de riscos ambientais.
- Uso de biomarcadores.
- Tendências em dados ambientais.

APÓS O ESTUDO DESTE CAPÍTULO, VOCÊ SERÁ CAPAZ DE:

1. avaliar riscos ambientais;
2. identificar os diferentes tipos de biomarcadores e suas características.
3. fazer a seleção de biomarcadores e utilizá-los no monitoramento ambiental;
4. reconhecer questões importantes para estruturar um plano de amostragem de biomarcadores;
5. identificar tendências nos dados ambientais e saber algumas considerações que devem ser feitas para estimar tendências.

6

Riscos ambientais e tendência de dados

6.1 Avaliação de riscos ambientais

A avaliação de riscos é uma ferramenta muito importante para fornecer informações e auxiliar na tomada de decisão sobre concentrações toleráveis, servindo de base para regulamentações e políticas de gestão ambiental e exposição a contaminantes.

Ela é composta por um conjunto de procedimentos e técnicas para sintetizar informações sobre a exposição a contaminantes e analisar os dados levantados.

Os principais objetivos de uma avaliação de riscos são identificar, quantificar e avaliar a probabilidade de efeitos adversos para diversos organismos quando expostos a um determinado contaminante, sejam seres humanos, sejam outras espécies.

Diversas metodologias podem ser utilizadas para avaliar riscos ambientais, dependendo do objetivo, do composto analisado, entre outras variáveis. No entanto, normalmente, utilizamos uma metodologia baseada em quatro etapas: 1) identificação de riscos; 2) avaliação da toxicidade e dose-resposta; 3) avaliação da exposição; e 4) caracterização do risco.

Essas etapas serão discutidas nas seções a seguir.

6.1.1 Identificação dos perigos

Nessa primeira etapa, ocorrem a identificação e a seleção dos compostos químicos que serão analisados com relação ao risco que provocam. Essa identificação é feita levantando os contaminantes prováveis de estarem presentes no meio analisado. Identificando a lista de contaminantes prováveis e se são classificados como perigosos, o próximo passo é levantar dados na população de interesse.

É importante, nessa etapa, a investigação da origem dos compostos, das prováveis atividades que geram a contaminação, a amostragem da população e a certificação da presença dos contaminantes existentes.

Na sequência, é feita uma pesquisa para levantar informações sobre os compostos identificados e verificar quais são classificados como perigosos em banco de dados científicos. É fundamental destacar a necessidade de utilizarmos uma literatura confiável e atualizada. A literatura atualizada precisa fornecer informações como características físico-químicas e toxicológicas das substâncias analisadas, e O comportamento dessas substâncias no ambiente, além de evidências sobre o potencial de efeitos adversos à saúde humana.

Após as informações coletadas, é possível reavaliar a lista de substâncias que precisam de uma avaliação de riscos. As substâncias não classificadas como perigosas não precisam passar pelas próximas etapas da avaliação de risco. Porém, para suspender a avaliação de riscos de algumas substâncias, é fundamental a certeza de que as informações levantadas foram suficientes e confiáveis para essa decisão.

A eliminação de substâncias perigosas pode trazer sérios riscos para a sociedade e a classificação de substâncias não perigosas como perigosas pode gerar mais gastos para a realização da avaliação de riscos.

6.1.2 Avaliação da toxicidade e dose-resposta

A avaliação da toxicidade visa determinar a relação entre a exposição a um contaminante e o aumento da probabilidade de ocorrência e da existência de efeitos adversos devido ao contato do organismo com o contaminante.

Para isso, é importante a identificação dos perigos quando possíveis efeitos adversos da exposição a um contaminante e a gravidade desse contato são mapeados.

Outro aspecto importante na avaliação da toxicidade é a estimativa do efeito dose-resposta, quando determinamos a relação entre quantidades da dose de um contaminante e a incidência de reações adversas na população exposta.

Essa avaliação de dose-resposta servirá de base para determinar a toxicidade de um contaminante e caracterizar o risco conforme diferentes níveis de exposição.

O QUE É

Dose-resposta é a relação entre a quantidade de uma substância à qual um determinado organismo está exposto e a forma como o organismo responde.

A dose de exposição de um contaminante é o principal fator que determina o grau de risco. Ela é definida como a relação entre a massa do contaminante e a massa corporal do indivíduo exposto.

Por se tratar de baixas concentrações quando comparadas à massa corporal do indivíduo, geralmente, a dose de exposição é expressa em ppm ou mg/kg.

É importante notar que a concentração do composto no meio não é, necessariamente, igual à dose a que o indivíduo está exposto, por isso é importante utilizarmos biomarcadores para identificar a real dose de contaminante a que o indivíduo está exposto.

O grau dos danos causados por um contaminante pode ser determinado observando os efeitos da exposição a esse composto. Diversos efeitos podem ser observados, como lesões em alguns órgãos, surgimento de tumores e até a morte. Com essa investigação da magnitude das alterações observadas em um mecanismo biológico após a exposição, determinamos a relação dose-resposta.

O Gráfico 6.1 apresenta um exemplo de uma curva dose-resposta, que é a resposta de um organismo a uma dose administrada e é expressa como uma distribuição de frequência acumulada.

Uma curva dose-resposta fornece a informação da variação na população exposta para uma determinada dose. No exemplo do Gráfico 6.1, utilizamos o método DL50, que apresenta a dose capaz de matar 50% dos indivíduos de uma população. No entanto, outros percentuais de dose também podem ser analisados, como DL5 e DL95, apresentando as doses estimadas em que 5% e 95% dos organismos morrem, respectivamente (Manahan, 2013).

Gráfico 6.1 – Curvas dose-resposta para dois compostos químicos (A e B) administrados a uma determinada população

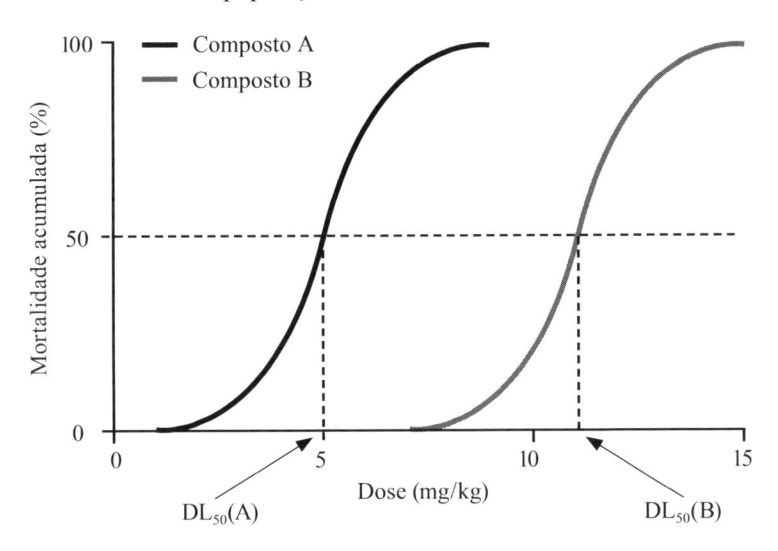

A toxicidade de um composto químico é relativa, por isso a comparação entre diferentes compostos químicos não traz uma informação relevante. Por exemplo, no Gráfico 6.1, o composto A apresenta um valor de DL50 menor do que o composto B, por isso é mais letal. Entretanto, diferentes espécies respondem de formas diferentes a um mesmo contaminante, logo, essa escala de toxicidade apresentada no Gráfico 6.1 só é representativa para essa amostra testada.

6.1.3 Avaliação da exposição

Com a avaliação da exposição, é possível observar a magnitude do contato direto com contaminantes com algum potencial de risco. A magnitude da exposição está relacionada à absorção do composto e às vias de exposição.

No Quadro 6.1, apresentamos as principais vias de entrada de um contaminante no organismo. Normalmente, existem vias de exposição que são mais representativas e proporcionam maior risco, porém nem sempre é possível identificar a via de exposição mais importante, razão por que todas as vias devem ser consideradas e analisadas.

Quadro 6.1 – Diferentes meios e as respectivas potenciais vias de exposição

Meio	Via de exposição em potencial
Águas subterrâneas	Ingestão, contato com a pele, inalação (durante o banho)
Águas superficiais	Ingestão, contato com a pele, inalação (durante o banho)
Sedimentos	Ingestão, contato com a pele
Ar	Inalação de compostos químicos transportados pelo ar (na fase vapor) (em ambientes internos e externos)
	Inalação de particulados (em ambientes internos e externos)
Solo/poeira	Ingestão acidental, contato com a pele
Alimentos	Ingestão

Fonte: Davis; Masten, 2022, p. 241.

Com a avaliação da exposição a contaminantes, fazemos a mensuração, a análise e a determinação de um perfil de exposição. Para isso, a análise da exposição pode ser feita por meio de métodos probabilísticos, apresentando resultados mais conservadores e melhor caracterização das incertezas associadas.

Os métodos probabilísticos de avaliação da exposição utilizam conceitos de estatística, como análise de variabilidade, incertezas e distribuições de probabilidade dos dados.

A variabilidade representa a diversidade dentro de uma determinada população, como variações na concentração de um determinado contaminante em um meio, taxas de ingestão, frequência de exposição, entre outros.

As incertezas estão relacionadas à falta de conhecimento de algum evento que pode proporcionar variações nos dados coletados. Essas variações dos dados podem ser representadas por meio de distribuições de probabilidades.

6.2 Contextualização dos biomarcadores associados à gestão de riscos ambientais

Alguns compostos apresentam um risco quando em contato com organismos vivos, como é o caso dos xenobióticos. Exemplos de compostos xenobióticos são metais pesados, hidrocarbonetos halogenados, pesticidas, fármacos e agrotóxicos.

O impacto de um determinado xenobiótico no meio ambiente é medido conforme alterações ou destruições do equilíbrio do ecossistema são observadas na sua presença.

Uma das maneiras de evitar grandes danos à saúde e ao meio ambiente é a detecção precoce dessa exposição por meio do monitoramento ambiental. Como o monitoramento desses impactos no meio ambiente é complexo, um dos métodos para avaliar a relação entre a exposição e o impacto dessas substâncias é por meio de biomarcadores.

Os biomarcadores podem proporcionar indicações de exposição e de efeito, além de possibilitar a análise e o controle do risco de danos associados no longo prazo de exposição a xenobióticos.

O QUE É

Xenobióticos são substâncias químicas estranhas ao organismo humano.

Biomarcador é qualquer medida que reflita uma interação entre um sistema biológico e um perigo potencial

Os biomarcadores são utilizados para avaliação do risco e para monitoramento ambiental, uma vez que proporcionam uma identificação de perigos químicos, físicos e biológicos. Ou seja, os biomarcadores são considerados indicadores, ou sinalizadores, de alterações em amostras ou sistemas biológicos, como resposta à exposição a xenobióticos. Eles podem fornecer um sinal de alerta para os potenciais danos ambientais.

As alterações indicadas por biomarcadores podem ser em níveis molecular, bioquímico, celular, fisiológico, patológico e comportamental. Os biomarcadores podem tanto indicar a existência de uma contaminação com xenobióticos como apontar o efeito e estabelecer a ligação entre um determinado xenobiótico e a toxicidade apresentada. Muitas vezes, os biomarcadores podem ser detectados precocemente, possibilitando a ação de medidas mitigatórias, reversíveis e até preventivas.

O uso de biomarcadores é extremamente relevante para a detecção e a indicação de mecanismos de toxicidade primária e patológica, tanto em termos biológicos como clínicos.

Com o uso de biomarcadores, é possível ter um efeito preditivo de efeitos tóxicos e reduzir os danos causados aos organismos vivos, bem como ter um estimativa dos efeitos letais e subletais de determinados compostos.

Além disso, eles fornecem uma resposta global aos efeitos de contaminação de uma determinada população por meio da biomonitorização. A biomonitorização humana é feita por intermédio de medições de concentrações químicas em amostras de sangue, urina e cabelo.

EXEMPLIFICANDO

A maior ou a menor presença e a proliferação de algas pode ser um indicativo da qualidade da água. Por exemplo, a proliferação de algas do tipo fitoplâncton acontece quando há grande oferta de nutrientes, principalmente nitrogênio e fósforo. O aumento demasiado de algas pode levar a um decréscimo do oxigênio dissolvido na água, proporcionando a morte de peixes e outros organismos aquáticos devido à falta de oxigênio. Sendo assim, o controle da presença e do crescimento do fitoplâncton pode ser utilizado como um biomarcador, indicando a presença de poluição na água.

Para fazer a biomonitorização de uma população exposta a xenobióticos, utilizamos valores de referência, que são as medidas do seu indicador biológico detectadas em indivíduos sadios e que, seguramente, não estão expostos ao xenobiótico em questão.

Para determinar os valores de referência, um grupo de referência deve ser selecionado criteriosamente de uma determinada região e um tratamento estatístico adequado deve ser aplicado.

Um tratamento estatístico é necessário, nesse caso, para definir a distribuição dos dados, detectar valores discrepantes e inferir sobre a população da região analisada. Não é correto utilizar valores de referência de regiões desconhecidas (Leite, 2004).

EXEMPLIFICANDO

Para avaliar a presença de contaminantes em uma determinada região, primeiro, devemos determinar valores de referência dos contaminantes de interesse para a região analisada. Na metodologia de determinação de valores de referência, a primeira etapa é a escolha do grupo de referência para ser analisado. Normalmente, um grupo de referência é formado por meio de critérios de exclusão/inclusão e de estratificação.

Por exemplo, na seleção do grupo de referência para a biomonitorização humana de contaminantes, é importante diversificar indivíduos de idades, sexo, hábitos de vida e atividades profissionais distintas.

Além disso, sabendo o propósito da biomonitorização, alguns critérios de exclusão/inclusão podem ser aplicados, como a exclusão de grupos que fazem uso de agentes farmacológicos e/ou a inclusão de indivíduos com estados fisiológicos alterados, como gravidez e obesidade.

6.2.1 Seleção de biomarcadores

É preciso levar em consideração alguns aspectos para a escolha de um biomarcador em determinada aplicação, entre os mais diversos tipos existentes.

A seleção apropriada do biomarcador a ser utilizado proporciona maior precisão na avaliação do risco atrelado a uma determinada substância e, consequentemente, o sucesso na mitigação e na proteção à saúde.

Para a seleção do biomarcador, é preciso avaliar a especificidade e a sensibilidade do biomarcador a fim de identificar determinada exposição e efeito adverso à saúde humana. Segundo Gupta (2014), um biomarcador deve ser específico, preciso, válido e sensível.

A sensibilidade de um biomarcador está relacionada à sua capacidade de evidenciar mudanças no meio analisado, mesmo após a exposição do composto perigoso em níveis baixíssimos. Além disso, a sensibilidade de um biomarcador deve ser também em função do tempo, para detectar, por exemplo, variações sazonais.

A precisão de um biomarcador deve refletir a interação do sistema biológico com uma substância xenobiótica de formas qualitativa e quantitativa.

Além desses aspectos, o biomarcador precisa ter algumas características operacionais para viabilizar seu uso, como ser reprodutível, ser quantificado de forma fácil e confiável e requerer um procedimento analítico acessível.

6.2.2 Tipos de biomarcadores

Diferentes biomarcadores podem ser utilizados, dependendo da aplicação e do objetivo. Esses diferentes biomarcadores podem ser classificados em biomarcadores de exposição, de efeito e de suscetibilidade. Em alguns casos, os biomarcadores podem ser classificados em mais de uma categoria, não sendo simples a distinção entre as classificações.

O QUE É

Biomarcadores de exposição são utilizados para determinar se um meio ou sistema biológico foi exposto a um determinado xenobiótico.

Biomarcadores de efeito são usados para determinar o efeito do organismo quando exposto a um determinado xenobiótico.

Biomarcadores de suscetibilidade são utilizados para determinar a suscetibilidade ou a resistência do organismo ou meio aos efeitos nocivos de um determinado xenobiótico.

Biomarcadores de exposição

Os biomarcadores de exposição são usados para confirmar e avaliar a exposição de uma substância em particular, estabelecendo a relação entre a identificação de doses internas no organismo que foi exposto a ela e a exposição dessa determinada substância. Por exemplo, detecção de hidroquinona (1,4-dihidróxido benzeno) na urina humana pode ser um indicativo da contaminação daquele organismo por benzeno, logo, a hidroquinona pode ser utilizada como um biomarcador de exposição específico para contaminações de benzeno (Coutrim; Carvalho; Arcuri, 2000).

A distribuição do xenobiótico pode acontecer em vários níveis de organização biológica, como células e tecidos. Segundo Amorim (2003, p. 162), "Os biomarcadores de exposição refletem a distribuição da substância química ou seu metabólito através do organismo, e por isso são identificados como dose interna".

Na Figura 6.1, apresentamos um esquema da atuação de biomarcadores em vários níveis de interação molecular. A dose externa refere-se à concentração da substância presente no meio ambiente em contato com o organismo.

Figura 6.1 – Esquema de biomarcadores de dose interna de substâncias químicas que apresentam mecanismo de interação através da interação molecular

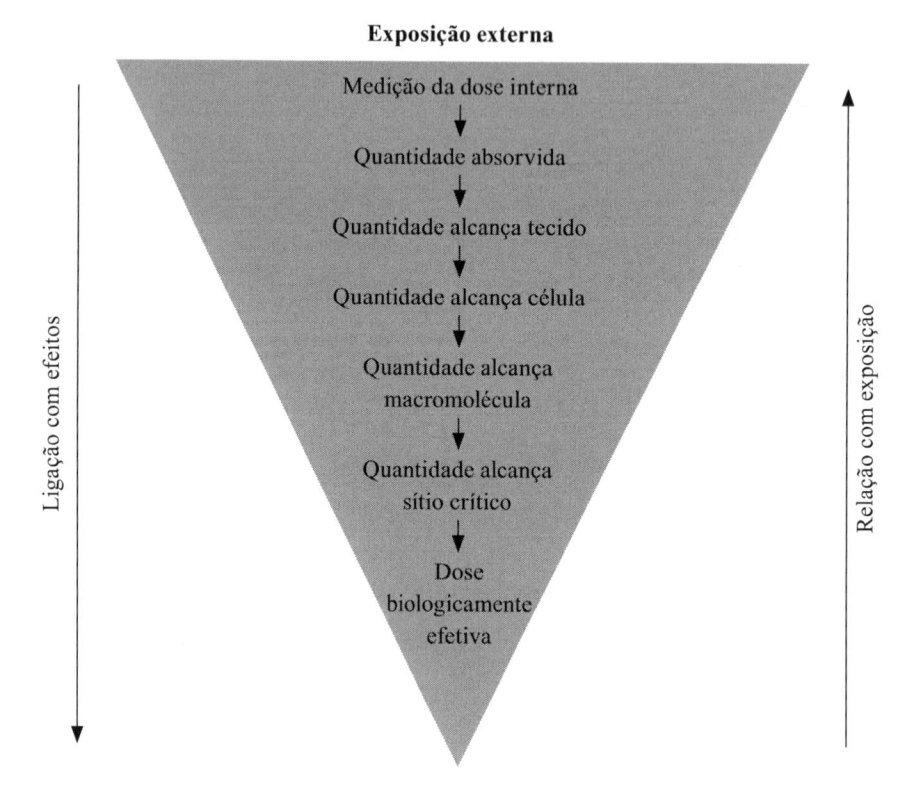

Fonte: Amorim, 2003, p. 163.

Biomarcadores de efeito

Biomarcadores de efeito são utilizados para refletir a interação de uma substância com alterações nos organismos biológicos. Dependendo da magnitude das alterações detectadas, podem ser observadas pequenas disfunções no organismo ou até doenças já estabelecidas. Sendo assim, um papel importante dos biomarcadores de efeito é detectar uma alteração biológica em um estágio ainda reversível, evitando uma situação agravada à saúde (Amorim, 2003).

Podemos citar como exemplo a exposição de trabalhadores rurais a agrotóxicos e pesticidas, a qual provoca alterações em diversos órgãos, bem como alterações fisiológicas no sistema nervoso (Porto et al., 2021). A avaliação dos níveis de algumas enzimas no organismo pode evidenciar que ocorreu alguma alteração em algum órgão específico devido à presença de contaminação por agrotóxicos e pesticidas e, com isso, essas enzimas podem ser utilizadas como biomarcadores de efeito.

Os biomarcadores de efeito podem ser usados para obter uma informação de dose-resposta para avaliação de risco de um determinado xenobiótico. Esse é um tipo de biomarcador importante para a determinação da toxicidade de algumas substâncias e a caracterização da toxicidade associada.

Um dos principais objetivos de utilizarmos um biomarcador de efeito é a prevenção de eventos adversos no organismo. Para isso, o biomarcador deve fornecer uma resposta de forma precoce, em um estágio em que a alteração biológica ainda seja reversível.

Um biomarcador utilizado com o intuito de uma ação preventiva deve, necessariamente, medir um efeito biológico não adverso (Amorim, 2003). Os efeitos biológicos não adversos são reversíveis e não diminuem perceptivelmente a capacidade do organismo de manter sua homeostase orgânica.

Exercício resolvido 6.1

Na biomonitorização humana, são coletadas amostras de sangue, urina e/ou cabelo de um determinado número de pessoas, fornecendo uma informação representativa da exposição de uma população a um determinado xenobiótico. Desejamos fazer a biomonitorização humana de uma comunidade para investigar uma possível contaminação por chumbo. Conhecendo o efeito do chumbo em determinados órgãos humanos, é possível utilizar alguns biomarcadores de efeito para fazer essa investigação.

A equipe técnica que desenvolverá a biomonitorização da contaminação de chumbo na comunidade tem recursos disponíveis para fazer coletas de cabelos, sangue e urina. Qual material deverá ser coletado para fornecer informações de contaminação de chumbo e que seja viável para aplicar em uma comunidade de mil pessoas?

■ Resolução ▬▬▬▬▬▬▬▬▬▬▬▬▬▬▬▬▬▬▬▬▬▬▬▬▬▬▬▬▬▬▬▬▬

Coletas de sangue deverão ser feitas para fornecer os resultados mais confiáveis para a investigação de contaminação por chumbo. O sangue é o material mais utilizado para detecção de contaminação humana por chumbo, com diversos estudos na literatura mostrando a eficácia (Gerlach; Gonçalves; Guerra, 2009).

A coleta de cabelo e urina não seria o mais recomendado, pois ainda não existem muitos estudos que comprovam a eficácia de utilizar amostras do cabelo para detectar a contaminação humana por chumbo e a presença de chumbo na urina exige etapas de correção para retirar impurezas que podem mascarar os resultados.

Biomarcadores de suscetibilidade

Diferentes organismos ou meios biológicos podem responder de formas diferentes ao contato com substâncias químicas como os xenobióticos.

Biomarcadores de suscetibilidade podem proporcionar informações sobre a suscetibilidade de um organismo em contato com uma determinada substância química. Com esse tipo de biomarcador, é possível observar fatores preexistentes e que são independentes da exposição. Por exemplo, a suscetibilidade de um indivíduo desenvolver cárie dentária ao longo da vida depende tanto de fatores extrínsecos, como fatores socioculturais e ambientais que favoreçam, ou não, a saúde bucal daquele indivíduo, quanto fatores intrínsecos, como histórico prévio de cárie e características da própria dentição (Lourenço, 2015).

A identificação de determinadas proteínas salivares pode ser utilizada como biomarcador de suscetibilidade de fatores intrínsecos do indivíduo para desenvolver cáries dentárias ao longo da vida.

Considerando que a suscetibilidade individual de um organismo pode mudar com fatores como alterações fisiológicas, patologias e exposições a outros agentes, os biomarcadores de suscetibilidade também conseguem detectar indivíduos na população com alguma diferença genética ou adquirida na suscetibilidade para alterações quando em contato com um determinado xenobiótico.

ESTUDO DE CASO

No Brasil, as principais causas da poluição das águas subterrâneas e superficiais são o depósito inadequado de resíduos urbanos em lixões e aterros inapropriados e o descarte incorreto de efluentes industriais. Além disso, o Brasil é um forte produtor agrícola, e boa parte dos agrotóxicos utilizados nas plantações sofrem lixiviação e se espalham no solo e nos corpos d'água (Niu et al., 2023). Atualmente, existe uma ampla gama de contaminantes químicos presentes nas águas no Brasil, com destaque para compostos orgânicos, como agrotóxicos, medicamentos e metais (Souza, 2009).

Muitos dos poluentes presentes na água podem proporcionar desequilíbrio na fauna e na flora aquáticas, mas, sobretudo, diversos riscos à saúde humana, levando até à morte (Boelee et al., 2019). Por essa razão, o monitoramento ambiental de contaminantes em corpos d'água é fundamental para garantir a saúde pública. Para isso, os biomarcadores têm se mostrado uma técnica eficaz no monitoramento ambiental, proporcionando informações em relação a uma resposta biológica que determinado ambiente apresenta na presença de poluentes. Os biomarcadores são como sentinelas, indicando o efeito da contaminação em seus respectivos hábitats.

No Estado de Santa Catarina existe a forte presença na economia tanto de atividades agrícolas como de atividades industriais. Foram utilizados biomarcadores com o objetivo de monitorar a qualidade da água em regiões urbanas de Santa Catarina para serem utilizadas no abastecimento público de água. Foram utilizados diferentes biomarcadores devido à possibilidade da presença de diferentes poluentes da água, tanto de origem das atividades agrônomas como das atividades industriais. Trutas arco-íris foram utilizadas para avaliar o efeito da presença de agrotóxicos na água. Peixes do tipo tilápia-do-Nilo foram utilizados para analisar a presença de compostos organopersistentes oriundos de algumas atividades industriais.

Essas espécies de peixes foram escolhidas e utilizadas porque sua eficácia como biomarcadores de agrotóxicos e de compostos organopersistentes já foi comprovada. A eficácia de uma determinada espécie em ser utilizada como biomarcador para um determinado componente depende de fatores biológicos específicos, que precisam ser previamente estudados e caracterizados.

Os pesquisadores observaram diversas alterações no organismo das trutas arco-íris, como descolamento do epitélio branquial, hiperplasia de células epiteliais, hipertrofia de células epiteliais, fusão lamelar e até alterações no cérebro dos biomarcadores. Esses resultados indicaram altas contaminações por agrotóxicos.

Quanto aos peixes como tilápias-do-Nilo foram analisadas a presença de resíduos industriais na água. Com a análise dos organismos dos peixes, foram observadas hemorragias, vacuolização e necrose, evidenciando o efeito desses compostos na água.

Com esses resultados, ficaram evidentes os riscos à saúde humana para o uso da água daquela região para abastecimento público. Com esse monitoramento, algumas medidas podem ser tomadas, como iniciar um estudo para entender como a contaminação está ocorrendo, avaliar a eficácia das legislações para controle da poluição e existência de fiscalizações na região. Além disso, com esses resultados, ficou evidente a incapacidade de utilizar essa água para abastecimento, sendo necessários tratamentos terciários avançados para possibilitar o uso da água.

6.2.3 Especificidades na amostragem de biomarcadores

A amostragem e a análise de biomarcadores requerem alguns cuidados e especificidades que serão discutidos a seguir.

Por exemplo, é importante levar em consideração que os biomarcadores podem sofrer algumas distribuições espaciais e temporais, o que influenciará nos resultados obtidos e nas conclusões determinadas com os biomarcadores detectados.

A distribuição de biomarcadores na água pode sofrer alterações espaciais devido a processos físicos, como o movimento da água conforme marés, turbulências e correntes naturais. A distribuição temporal dos biomarcadores pode sofrer variações devido às taxas de crescimento com o tempo. Sendo assim, esses efeitos de distribuição dos biomarcadores precisam ser levados em consideração no plano de amostragem.

No caso da presença de fatores que proporcionam alterações na distribuição espaciais, pode ser interessante aumentar o número de unidades amostrais e reduzir a frequência de coleta para conseguir mapear e considerar essas distribuições nas análises. Já, no caso da existência de padrões temporais, é preferível aumentar a frequência de amostras em menor número de pontos de coleta.

Normalmente, notamos uma heterogeneidade vertical na presença de biomarcadores em corpos d'água. Isso ocorre devido às diferenças de temperatura nas diferentes profundidades de uma coluna d'água, favorecendo, ou não, a proliferação de determinado biomarcador. Além disso, essa heterogeneidade também pode ser causada devido à presença de luz próxima à superfície da água, o que também pode favorecer, ou não, a presença de determinados biomarcadores.

Sendo assim, no plano de amostragem, dependendo do conhecimento prévio a respeito do biomarcador que será objeto de análise, devemos considerar a estratégia de amostragem estratificada. Sabendo da possibilidade de existir uma heterogeneidade vertical, devemos considerar obter amostras de estratos em diferentes profundidades, por exemplo, próximas da superfície do corpo d'água, na metade da coluna d'água e no fundo.

Outra opção é estratificar o local da amostragem conforme profundidades com diferentes intensidades luminosas. Além disso, o tamanho do local analisado dependerá dos biomarcadores a serem analisados. Por exemplo, no caso de espécies de fitoplâncton como biomarcadores, uma área ou volume amostrado é suficiente para analisar algum contaminante presente. No caso de peixes utilizados como biomarcadores, uma área maior precisará ser analisada para obtermos uma conclusão representativa de toda a população.

Para determinar o espaçamento da amostragem ao longo do tempo, é fundamental o conhecimento prévio a respeito do biomarcador que será analisado. Alguns biomarcadores apresentam variações cíclicas de comportamento conforme a presença da luz e as variações de temperatura. Nesses casos, o espaçamento entre amostras deverá ser de horas, para detectar essas variações ao longo do dia, e com estratos em diferentes épocas do ano.

Em outros casos, o espaçamento de amostragem deve ser de dias, considerando o tempo de vida e a geração de novos biomarcadores.

A amostragem de biomarcadores pode ser do tipo qualitativa ou quantitativa. O tipo de amostragem vai depender do objetivo do monitoramento e do uso de determinado biomarcador, conforme descrito a seguir:

- **Amostragem qualitativa**: É utilizada para fins de comparação espacial e/ou temporal com alguma composição faunística e/ou florística, ou dados preexistentes daquele meio. Ela proporciona compreensão sobre fenômenos existentes.
- **Amostragem quantitativa**: Nesse caso, as amostras são coletadas em área e volumes bem definidos, para que seja possível representar e tirar conclusões sobre toda a população.

Exercício resolvido 6.2

Desejamos analisar a quantidade de crianças que moram no entorno do Rio Negro e estejam contaminadas com um determinado xenobiótico presente nas águas do rio. Além disso, desejamos entender os efeitos da presença desse xenobiótico no ambiente aquático do rio. Para isso, devemos coletar amostragens quantitativas ou qualitativas?

Resolução

Para analisar a **quantidade de crianças contaminadas** com o xenobiótico, será necessário coletar uma **amostragem quantitativa com biomarcadores adequados** para o objetivo. Para entender **os efeitos da presença desse xenobiótico**, será preciso coletar uma **amostragem qualitativa**, com coletas de pontos contaminados e, assim, proporcionar respostas sobre os efeitos do xenobiótico no rio.

No Quadro 6.2, apresentamos alguns equipamentos para a coleta de amostras com espécies utilizadas como biomarcadores. A forma de utilização e os detalhes de cada equipamento podem ser encontrados no *Guia nacional de coleta e preservação de amostras* (Cetesb, 2011).

Além dos equipamentos apresentados no quadro, dependendo do local de amostragem e do meio analisado, podem ser considerados os equipamentos para coleta de água e de solo.

Quadro 6.2 – Equipamentos para a coleta de amostras com presença de biomarcadores

Equipamento	Função	Aplicação
Armadilha de Schindler-Patalas (Trampa)	Coletar amostras de sedimentos com presença de plânctons	Coletar amostras de biomarcadores em sedimentos de corpos d'água
Bomba de água	Coletar grandes volumes de água em diferentes profundidades, podendo coletar organismos zooplanctônicos	Coletar amostras de biomarcadores em corpos d'água
Redes de plâncton	Coletar plânctons presentes em água, retirando a água presente na amostragem	Coletar amostras de biomarcadores em corpos d'água
Pegador de Ekman-Birge	Coletar amostras de sedimentos de fundo em reservatórios ou em locais com correnteza leve	Coletar sedimentos finos de ecossistemas aquáticos
Pegador Ponar	Coletar bentos em substratos grossos	Coletar amostras de biomarcadores em sedimentos de fundo em corpos d'água
Draga retangular	Coleta de amostras de sedimentos por arrasto do ambiente marinho	Coletar amostras de biomarcadores presentes no ambiente marinho
Delimitadores	Amostragem quantitativa de diversos ambientes aquáticos	Coleta de amostras de biomarcadores em ambiente aquático
Rede manual	Coleta de amostras de espécies aquáticas em ambientes rasos ou de baixa profundidade	Coleta de amostras de biomarcadores em ambientes aquáticos
Cestos com pedras	Coleta de amostras de comunidades bentônicas em substratos arenosos e rochosos	Coleta de amostras de biomarcadores em rios, riachos e margens de reservatórios
Flutuador com lâminas	Coleta de amostras de perifitons	Coleta de amostras de biomarcadores em rios, riachos e margens de reservatórios
Rede de espera	Amostragem de peixes por meio de uma rede de espera sem iscas, podendo ser armada na superfície, meio e fundo do corpo d'água	Pesca passiva de animais aquáticos do conjunto dos néctons
Espinhel ou linhada	Amostragem de peixes com a utilização de anzóis	Pesca passiva de animais aquáticos do conjunto dos néctons
Caniço ou vara de pesca	Amostragem de peixes com a utilização de vara de pesca e anzol	Pesca passiva de animais aquáticos do conjunto dos néctons
Curral	Amostragem de peixes por meio de redes de estacas	Pesca passiva de animais aquáticos do conjunto dos néctons
Cesto ou canastra	Amostragem de peixes por meio de uma armadilha	Pesca passiva de animais aquáticos do conjunto dos néctons
Covo	Amostragem de peixes por meio de uma armadilha	Pesca passiva de animais aquáticos do conjunto dos néctons
Rede de lance ou de deriva	Amostragem de peixes em corredeiras suaves e sem obstáculos	Pesca ativa de animais aquáticos do conjunto dos néctons
Rede de arrasto	Amostragem de peixes por meio do arrasto manual ou com embarcações	Pesca ativa de animais aquáticos do conjunto dos néctons
Rede de saco	Amostragem de peixes	Pesca ativa de animais aquáticos do conjunto dos néctons
Tarrafa	Amostragem de peixes em pouca profundidade	Pesca ativa de animais aquáticos do conjunto dos néctons

(continua)

(Quadro 6.2 – conclusão)

Equipamento	Função	Aplicação
Linha de arrasto	Amostragem de peixes por meio de uma linha resistente com anzol e auxílio de embarcação	Pesca ativa de animais aquáticos do conjunto dos néctons
Puçá e coador	Amostragem de pequenas quantidades de peixes	Pesca ativa de animais aquáticos do conjunto dos néctons
Pesca elétrica	Amostragem de peixes em águas rasas	Pesca ativa de animais aquáticos do conjunto dos néctons

Fonte: Elaborado com base em Cetesb, 2011.

Após a coleta, as amostras com biomarcadores devem ser armazenadas e transportadas de forma correta para não haver variação na concentração do momento da coleta até o momento da análise.

A preservação dos biomarcadores pode ser feita com agentes químicos ou em condições específicas do ambiente, como temperatura. Em alguns casos, não é possível utilizar agentes químicos, e temperaturas próximas à temperatura ambiente não são suficientes para preservar a concentração de biomarcadores coletados. Nesses casos, processos físicos como congelamento e liofilização podem ser utilizados.

Quando biomarcadores presentes na água precisam ser analisados, as amostras coletadas normalmente passam por uma etapa de pré-tratamento que envolve a sedimentação e a concentração dos biomarcadores na amostra.

Esse pré-tratamento é feito com o intuito de aumentar o número de indivíduos por amostra, favorecendo sua detecção e sua contagem.

Após essa etapa de pré-tratamento, as amostras são analisadas em microscópios ópticos, podendo ser possível a contagem de indivíduos na amostra e também a estrutura taxonômica das populações (Filizola; Gomes; Souza, 2006).

PARA SABER MAIS

LABAE UFG. **Webinar LaBAE**. Biomarcadores de estresse oxidativo e poluição aquática. 2020. Disponível em: <https://www.youtube.com/watch?v=AfLX6MEAP4w>. Acesso em: 20 set. 2023.

Nesse *webinar*, a professora doutora Jerusa Maria de Oliveira aborda vários conceitos envolvendo os biomarcadores e sua relação com a poluição aquática. Entre os conceitos abordados estão: o que é estresse oxidativo e sua relação com biomarcadores e poluição aquática.

6.3 Tendências em dados ambientais

Um dos principais objetivos de um monitoramento ambiental é conseguir observar tendências dos dados ambientais. A necessidade de detectar tendências pode ser tanto para prever e reduzir os dados de determinados impactos ambientais, e até impactos na saúde humana, como para observar tendências de redução de poluições devido a programas de controle e de boas práticas.

Diferentes tipos de tendências podem ser observadas para dados ambientais, como tendência linear ascendente, tendências descendentes, com flutuações aleatórias em torno da linha de tendência e até acompanhadas de padrões cíclicos.

É importante destacar que algumas tendências são, na verdade, parte de um comportamento cíclico dos dados, não sendo, necessariamente, uma tendência e, portanto, não indicam mudanças no longo prazo. Como exemplo, podemos citar fatores naturais, como a presença de aspectos relacionados às mudanças climáticas sazonais e às mudanças de temperatura ao longo do dia, e até devido a ações antrópicas, como mudanças nos padrões de tráfego de veículos durante o dia.

Para evitar esse tipo de erro, é importante determinar corretamente o tempo e o espaçamento das coletas de amostras, como já citamos em outras passagens.

Uma forma de observar se existem tendências nos dados coletados é plotar um gráfico dos dados em relação ao tempo de coleta. Se gráficos de dados *versus* tempo apresentaram aumentos ou diminuições, mesmo que pequenos, ao longo do tempo, podemos aplicar uma regressão linear da variável em função do tempo.

Devemos levar em consideração também a presença de uma tendência dos dados devido a erros e mudanças nos procedimentos – por exemplo, em estudos de longo prazo, em que algumas mudanças podem ocorrer durante o estudo, como na estrutura laboratorial da análise ou devido a problemas no equipamento, mudanças na equipe técnica, entre outros. Essas ocorrências podem proporcionar uma mudança de tendência dos dados.

Para saber mais

GILBERT, R. O. **Statistical Methods for Environmental Pollution Monitoring**. New Jersey, USA: John Wiley & Sons, 1987.

Nos Capítulos 16 e 17 dessa obra, o autor discute alguns métodos para estimar e tratar dados de monitoramento ambiental com tendências. No Capítulo 16, o livro aborda métodos de detecção e de estimativa de tendências que podem ser utilizados quando não há ciclos ou efeitos sazonais. No Capítulo 17, apresenta o teste de Kendall, quando há a presença de sazonalidade nos dados, um estimador sazonal de Kendall para tendência linear, os testes qui-quadrado para tendências homogêneas para diferentes estações e estações e testes para tendências globais.

6.3.1 Ajustes de tendências temporais

Em muitos casos de monitoramento ambiental, existem defasagens no tempo que precisam ser levadas em consideração. Por exemplo, o monitoramento de manifestações biológicas devido aos efeitos da poluição atmosférica na saúde humana pode sofrer uma defasagem porque as alterações no perfil das concentrações dos poluentes diminuem em feriados e finais de semanas. Para isso, podemos utilizar uma estrutura de *lag* (defasagem) nas análises estatísticas para tratamento de dados ambientais.

EXEMPLIFICANDO

Um monitoramento ambiental pretende relacionar as internações de crianças devido a doenças respiratórias e os dados de poluição atmosférica e o efeito de variações meteorológicas. Para isso, algumas variáveis foram analisadas, como temperatura média do ar, umidade relativa do ar, precipitação e poluente na forma de material particulado.

Para as diferentes variáveis analisadas, foi preciso considerar diferentes valores de *lags* nas análises. Sendo assim, foram assumidos valores de *lags* de 28 dias para a variável temperatura, sendo possível analisar todas as variações de temperatura no organismo ao longo de vários dias, pois pequenas variações de temperatura não costumam representar um grande efeito no corpo humano.

As grandes concentrações de materiais particulados têm efeitos praticamente imediatos no organismo humano, por isso foram considerados *lags* de dois dias.

Casos com defasagem no tempo geram dados correlacionados com o tempo, sendo necessário, muitas vezes, utilizar modelos temporais para analisar esses dados. Nesses casos, devemos consultar obras como as de Banerjee, Carlin e Gelfand (2003) e de Cressie e Wikle (2015), que abordam modelos estatísticos para análises espaço-temporais, trazendo de forma aprofundada modelos para analisar dados com informações temporais.

SÍNTESE

Neste capítulo, apresentamos as metodologias para avaliação de riscos ambientais, como identificação dos perigos, avaliação de toxicidade e avaliação de exposição de organismos a agentes poluentes e contaminantes.

Além disso, discutimos os conceitos e aplicações que envolvem os biomarcadores. Ressaltamos a importância dos biomarcadores para detecção de xenobióticos, tanto para prevenção de danos à saúde humana quanto para controle e remediação de locais contaminados e compreensão dos efeitos adversos.

Também indicamos como escolher qual biomarcador utilizar, destacando que é preciso avaliar sua especificidade e sua sensibilidade para identificar um determinado composto. Apresentamos os biomarcadores de exposição, de efeito e de suscetibilidade, evidenciando suas diferenças e quando utilizar cada um. Explicamos também que os biomarcadores requerem algumas especificidades na hora da amostragem, que devem ser consideradas no plano de amostragem, como qual a melhor estratégia a ser utilizada para sua coleta e amostragem e a necessidade de pré-tratamentos antes da análise laboratorial.

Por fim, apontamos as características de dados ambientais que apresentam tendências. No caso da necessidade de obter a tendência de dados ambientais, o plano de amostragem deve trazer o espaçamento correto das amostras temporais e alguns erros devem ser evitados. Para o tratamento de dados com tendências, normalmente gráficos de dispersão no tempo evidenciam as tendências existentes e, assim, podemos determinar a análise de regressão que deve ser utilizada e se existe a necessidade de determinarmos defasagens no tempo para a correta análise estatística dos dados.

QUESTÕES PARA REVISÃO

1) No estudo de caso apresentado neste capítulo, os biomarcadores utilizados eram biomarcadores de exposição, de efeito ou de suscetibilidade?

2) O plano de amostragem de biomarcadores requer alguns cuidados devido à natureza e às características do biomarcador utilizado. No caso de um biomarcador com um tempo de vida médio de 10 dias, quais considerações devem ser feitas no plano de amostragem?

3) Biomarcadores podem ser utilizados para avaliar um efeito biológico em um determinado organismo. Esse efeito biológico indicado por um biomarcador pode ser tanto um efeito adverso como um efeito não adverso. Assinale a alternativa correta sobre a definição desses efeitos biológicos:

   a. A detecção de efeitos biológicos não adversos por biomarcadores não é importante, pois não representa nenhum risco à saúde humana.

   b. A identificação de efeitos biológicos não adversos é fundamental quando biomarcadores são utilizados com a finalidade de prevenção.

   c. Ambos os efeitos biológicos, adversos e não adversos, podem ser reversíveis.

   d. Apenas efeitos biológicos adversos são identificados com biomarcadores de efeito.

   e. A identificação de efeitos biológicos adversos é fundamental quando biomarcadores são utilizados com a finalidade de prevenção.

4) Um biomarcador de efeito reflete a interação de uma substância química em um determinado organismo e pode ser usado tanto para confirmar um diagnóstico clínico como para a prevenção de efeitos adversos nos seres humanos. Assinale a alternativa que indica corretamente as características de um biomarcador de efeito ideal para ser utilizado com o objetivo de prevenção:

a. Medir alterações biológicas em estágio precoce e ainda reversível, quando ainda não representa agravo à saúde.

b. Medir alterações biológicas avançadas, para ter certeza dos efeitos causados no organismo.

c. Apresentar efeitos avançados à saúde, para ser possível compreender os efeitos nos seres humanos.

d. Apresentar uma resposta rápida, mesmo que não fiquem evidentes todos os efeitos que pode causar.

e. Apresentar uma resposta lenta, para ser possível identificar todas as fases da interação da substância no organismo.

5) Durante o monitoramento da presença de fitoplâncton como biomarcador em um lago, observamos variações da coloração do lago durante o dia devido à migração das algas causada por fototaxia. Era observada uma cor avermelhada durante a manhã até próximo das 14 horas; após esse horário, o lago começava a ficar esverdeado. Sabendo, previamente, dessas características do local a ser monitorado, assinale a alternativa correta sobre o plano de amostragem desse lago:

a. Quanto maior a distribuição espacial e temporal, melhor a qualidade dos dados para caracterizar o comportamento do biomarcador.

b. O espaçamento temporal das amostras de uma amostragem por dia será o suficiente para caracterizar o lago.

c. A alteração na coloração ocorre devido à movimentação das algas durante o dia, portanto, devemos considerar apenas estratos espaciais em diferentes profundidades do lago, independentemente do espaçamento temporal das amostras.

d. Devemos coletar mais de uma amostra por dia, sendo que, em cada espaçamento temporal, devemos coletar amostras em diferentes profundidades.

e. O espaçamento de amostragem deve ser de algumas horas, e, em cada tempo de amostra, coletar em uma profundidade diferente.

QUESTÃO PARA REFLEXÃO

1) Comumente, pensamos no uso de biomarcadores como estratégia de prevenção de riscos ambientais. Os biomarcadores, porém, também podem ser utilizados com o objetivo de avaliar e acompanhar estratégias de controle e de checagem no gerenciamento de risco. Reflita sobre como um biomarcador pode atuar no controle e no gerenciamento de risco. Elabore um texto escrito com sua resposta e justifique-a.

CONSIDERAÇÕES FINAIS

Atualmente, enfrentamos o grande dilema de alcançar desenvolvimento econômico e social garantindo qualidade de vida para as gerações atuais e futuras. Por essa razão, o desenvolvimento sustentável vem sendo cada vez mais necessário e deve ser implantado pelos mais diversos países. Políticas públicas e privadas estão, progressivamente, adequando-se a essa necessidade de desenvolvimento sustentável para garantir a qualidade de vida das gerações futuras.

Nesse contexto, o monitoramento ambiental é uma ferramenta fundamental para atingirmos o desenvolvimento ambiental. Diferentes problemáticas ambientais e em diferentes meios exigem diferentes abordagens para um monitoramento ambiental adequado, com resultados relevantes e confiáveis. No entanto, dados ambientais, comumente, apresentam grande variabilidade, e essa instabilidade dos resultados representa um grande desafio para os profissionais quanto a tomadas de decisões corretas. Análises estatísticas mostram-se fundamentais para o tratamento desses dados e, assim, favorecem conclusões e tomadas de decisão baseadas em dados mais confiáveis.

Por essas razões, nesta obra, buscamos orientar engenheiros ambientais e outros profissionais que trabalham com esse tipo de dados apresentando técnicas e boas práticas para a obtenção e o tratamento adequado de dados ambientais.

Assim, abordamos as diferentes etapas para a análise de dados ambientais, desde o planejamento adequado de amostragem, as técnicas de coleta de dados e preparo de amostras até quais análises estatísticas fazer. Destacamos que nosso objetivo não foi apresentar todas as técnicas convencionais de livros de estatística, porque esse assunto já está muito bem apresentado na literatura. Nossa abordagem voltou-se para análise de dados ambientais.

Desejamos que este livro possa servir como norteador de boas práticas em estudos de dados ambientais.

REFERÊNCIAS

ABNT – Associação Brasileira de Normas Técnicas. **NBR 9897**: planejamento de amostragem de efluentes líquidos e corpos receptores. Rio de Janeiro, 1987a.

ABNT – Associação Brasileira de Normas Técnicas. **NBR 9898**: preservação e técnicas de amostragem de efluentes líquidos e corpos receptores. Rio de Janeiro, 1987b.

ALFAKIT. Garrafa Van Dorn PVC. Disponível em: <https://alfakit.com.br/produtos/garrafa-van-dorn-pvc/>. Acesso em: 20 set. 2023.

AMORIM, L. C. A. Os biomarcadores e sua aplicação na avaliação da exposição aos agentes químicos ambientais. **Revista Brasileira de Epidemiologia**, v. 6, n. 2, p. 158-170, 2003. Disponível em: <https://www.scielo.br/j/rbepid/a/KBS5JKwWw9CfhPT5MTfpbQv/?format=pdf&lang=pt>. Acesso em: 4 out. 2023.

BANERJEE, S.; CARLIN, B. P.; GELFAND, A. E. **Hierarchical Modeling and Analysis for Spatial Data**. New York: Chapman and Hall/CRC, 2003.

BARIONI JÚNIOR, W.; COLDEBELLA, A.; PEDROSO-DE-PAIVA, D. Estatística aplicada a dados ambientais: influência da qualidade d'água da sub-bacia do Lajeado dos Fragosos sobre a população de borrachudos. **Comunicado Técnico n. 338**, dez. 2003. Disponível em: <https://www.infoteca.cnptia.embrapa.br/infoteca/bitstream/doc/443248/1/cot338.pdf>. Acesso em: 5 out. 2023.

BAYLISS, D.; WALKER, G. Environmental Monitoring in the European Union. **European Environment**, v. 4, n. 1, p. 14-18, 1994.

BECKER, J. L. **Estatística básica**: transformando dados em informação. Porto Alegre: Bookman, 2015.

BERTHOUEX, P. M.; BROWN, L. C. **Statistics for Environmental Engineers**. 2. ed. Boca Raton, FL: Lewis Publishers, 2002.

BERTI, L. A.; PORTO, L. M. **Nanossegurança**: guia de boas práticas em nanotecnologia para fabricação e laboratórios. São Paulo: Cengage Learning, 2016.

BOELEE, E. et al. Water and Health: From Environmental Pressures to Integrated Responses. **Acta Tropica**, v. 193, p. 217-226, May 2019.

BRASIL. Lei n. 8.723, de 28 de outubro de 1993. **Diário Oficial da União**, Poder Legislativo, Brasília, DF, 29 out. 1993. Disponível em: <https://www.planalto.gov.br/ccivil_03/leis/l8723.htm>. Acesso em: 4 out. 2023.

BRASIL. Ministério do Meio Ambiente. Conselho Nacional do Meio Ambiente. Resolução n. 491, de 19 de novembro de 2018. **Diário Oficial da União**, Brasília, DF, 21 nov. 2018. Disponível em: <https://www.legisweb.com.br/legislacao/?id=369516>. Acesso em: 4 out. 2023.

BRASIL. Ministério do Meio Ambiente. **Convenção de Estocolmo sobre Poluentes Orgânicos Persistentes**. Disponível em: <https://antigo.mma.gov.br/seguranca-quimica/convencao-de-estocolmo.html>. Acesso em: 4 out. 2023.

CALIJURI, M. do C.; CUNHA, D. G. F. (Coord.). **Engenharia ambiental**: conceitos, tecnologias e gestão. 2. ed. Rio de Janeiro: Elsevier, 2019.

CARVALHO, M. A. G. de. **Métodos estatísticos para análise de dados de monitoração ambiental**. 135 f. Tese (Doutorado em Ciências na Área de Tecnologia Nuclear – Aplicações) – Instituto de Pesquisas Energéticas e Nucleares, Universidade de São Paulo, São Paulo, 2003. Disponível em: <http://www.repositorio.cdtn.br:8080/jspui/handle/123456789/936>. Acesso em: 10 dez. 2023.

CETESB – Companhia Ambiental do Estado de São Paulo. **Guia de coleta e preservação de amostras de água**. São Paulo: Cetesb, 1988.

CETESB – Companhia Ambiental do Estado de São Paulo. **Guia nacional de coleta e preservação de amostras**: água, sedimento, comunidades aquáticas e efluentes líquidos. São Paulo: Cetesb; Brasília: ANA, 2011. Disponível em: <https://arquivos.ana.gov.br/institucional/sge/CEDOC/Catalogo/2012/GuiaNacionalDeColeta.pdf>. Acesso em: 4 out. 2023.

CETESB – Companhia Ambiental do Estado de São Paulo. **Relatórios de Qualidade das Águas Interiores no Estado de São Paulo**. 2021. Disponível em: <https://cetesb.sp.gov.br/aguas-interiores/publicacoes-e-relatorios/>. Acesso em: 4 out. 2023.

CHRISTOFARO, C. **Avaliação probabilística de risco ecológico de metais nas águas superficiais da bacia do Rio das Velhas – MG**. 311 f. Tese (Doutorado em Saneamento, Meio Ambiente e Recursos Hídricos) – Universidade Federal de Minas Gerais, Belo Horizonte, 2009. Disponível em: <https://www.smarh.eng.ufmg.br/defesas/18D.PDF>. Acesso em: 10 dez. 2023.

CHRISTOFARO, C.; LEÃO, M. M. D. Tratamento de dados censurados em estudos ambientais. **Química Nova**, v. 37, n. 1, p. 104-110, 2014. Disponível em: <https://www.scielo.br/j/qn/a/QRMP6VfB8JtpvcMdQM6VzVM/?format=pdf&lang=pt>. Acesso em: 4 out. 2023.

CONTAR, T. de S. **Influência dos valores censurados na determinação da concentração média de variáveis de qualidade da água**. 81 f. Dissertação (Mestrado em Recursos Hídricos) – Universidade Federal de Mato Grosso, Cuiabá, 2011. Disponível em: <https://ufmt.br/ppgrh/dissertacao/influencia-dos-valores-censurados-na-determinacao-da-concentracao-media-de-variaveis-de-qualidade-da-agua/>. Acesso em: 10 dez. 2023.

CONTAR, T. de S.; DESTRO, C. A. M.; LIMA, G. A. R. Influência de dados censurados no cálculo da concentração média das variáveis de qualidade da água demanda química de oxigênio e fosfato. **Engenharia Sanitária e Ambiental**, v. 20, n. 2, p. 191-198, abr./jun. 2015. Disponível em: <https://www.scielo.br/j/esa/a/66WdZ 3CjSnc9yy8xPRV3mdN/?format=pdf&lang=pt>. Acesso em: 4 out. 2023.

COSTA, M. E. L. **Monitoramento e modelagem de águas de drenagem urbana na bacia do lago Paranoá**. 203 f. Dissertação (Mestrado em Tecnologia Ambiental e Recursos Hídricos) – Universidade de Brasília, Brasília, 2013. Disponível em: <http://ptarh.unb.br/wp-content/uploads/2017/03/Maria_Elisa_Leite_Costa.pdf>. Acesso em: 10 dez. 2023.

COSTA NETO, P. L. de O. **Estatística**. São Paulo: Edgar Blücher, 2006.

COUTRIM, M. X.; CARVALHO, L. R. F. de; ARCURI, A. S. A. Avaliação dos métodos analíticos para a determinação de metabólitos do benzeno como potenciais biomarcadores de exposição humana ao benzeno no ar. **Química Nova**, v. 23, n. 5, p. 653-663, 2000. Disponível em: <https://www.scielo.br/j/qn/a/7drWSFVJH9dY9Ry h6bxR5MC/?format=pdf&lang=pt>. Acesso em: 4 out. 2023.

CRESSIE, N.; WIKLE, C. K. **Statistics for Spatio-Temporal Data**. New Jersey, USA: John Wiley & Sons, 2015.

DANTAS, G. et al. A Reactivity Analysis of Volatile Organic Compounds in a Rio de Janeiro Urban Area Impacted by Vehicular and Industrial Emissions. **Atmospheric Pollution Research**, v. 11, n. 5, p. 1018-1027, May 2020. Disponível em: <https://www.sciencedirect.com/science/article/abs/pii/S1309104220300507>. Acesso em: 4 out. 2023.

DAVIS, M. L.; MASTEN, S. J. **Princípios de engenharia ambiental**. Tradução de Félix Nonnenmacher. 3. ed. Porto Alegre: AMGH, 2016.

DROUBI, L. F. P.; ZONATO, W.; HOCHHEIM, N. Distribuição Lognormal: Propriedades e aplicações na engenharia de avaliações. CONGRESSO BRASILEIRO DE CADASTRO TÉCNICO MULTIFINALITÁRIO E GESTÃO TERRITORIAL, 13., 2018, Florianópolis. **Anais...** Florianópolis: Cobrac, 2018.

DUTRA, F. V. A. **Materiais sorventes empregados em diferentes métodos de preparo de amostras**. 29 f. Trabalho de Conclusão de Curso (Bacharelado em Química) –Universidade Federal de São João del-Rei, São João del-Rei, 2014. Disponível em: <https://www.ufsj.edu.br/portal2-repositorio/File/coqui/TCC/ Monografia-TCC-Flavia_V_A_Dutra-20141.pdf>. Acesso em: 10 dez. 2023.

EPA – Environmental Protection Agency. **Risk Assessment Guidance for Superfund**: Human Health Evaluation Manual (Part A). Office of Emergency and Remedial Response, US Enviromental Protection Agency, 1989. v. 1.

FASTER Comércio e Soluções para Avaliação de Riscos. **Tubos colorimétricos para leitura instantânea**. Disponível em: <https://fasteronline.com.br/detectores_de_gases/tubos-colorimetricos-para-leitura-instantanea/>. Acesso em: 4 out. 2023.

FATTA, D.; NAOUM, D.; LOIZIDOU, M. Integrated Environmental Monitoring and Simulation System for use as a Management Decision Support Tool in Urban Areas. **Journal of Environmental Management**, v. 64, n. 4, p. 333-343, 2002.

FERRO, P. D. **Estimativas de desmatamento e queimadas em tempo quase real na Amazônia Sul Brasileira**: um passo para popularização de dados. 61 f. Dissertação (Mestrado em Gestão de Áreas Protegidas na Amazônia) – Instituto Nacional de Pesquisas da Amazônia, Manaus, 2021. Disponível em: <https://repositorio.inpa.gov.br/bitstream/1/37335/1/Disserta%c3%a7%c3%a3o%20MPGAP_Poliana%20Ferro.pdf>. Acesso em: 4 out. 2023.

FILIZOLA, H. F.; GOMES, M. A. F.; SOUZA, M. D. (Ed.). **Manual de procedimentos de coleta de amostras em áreas agrícolas para análise da qualidade ambiental**: solo, água e sedimentos. Jaguariúna: Embrapa Meio Ambiente, 2006. Disponível em: <https://www.infoteca.cnptia.embrapa.br/handle/doc/15292>. Acesso em: 10 dez. 2023.

GERLACH, R. F.; GONÇALVES, S. C. D.; GUERRA, C. de S. Biomarcadores de exposição a chumbo. **Medicina**, Ribeirão Preto, v. 42, n. 3, p. 301-310, set. 2009. Disponível em: <https://www.revistas.usp.br/rmrp/article/view/225/226>. Acesso em: 4 out. 2023.

GILBERT, R. O. **Statistical Methods for Environmental Pollution Monitoring**. New Jersey, USA: John Wiley & Sons, 1987.

GIMENEZ, N. L. **Avaliação do sistema de tratamento de efluentes industriais através da determinação do grupo BTEX, via cromatografia a gás/SPME (microextração em fase sólida)**. 183 f. Tese (Doutorado em Saúde Pública) – Universidade de São Paulo, São Paulo, 2004. Disponível em: <https://www.teses.usp.br/teses/disponiveis/6/6134/tde-11022021-000629/es.php>. Acesso em: 10 dez. 2023.

GIRARD, J. E. **Princípios de química ambiental**. Tradução de Marcos José de Oliveira. 2. ed. Rio de Janeiro: LTC, 2013.

GUPTA, R. C. (Ed.). **Biomarkers in Toxicology**. Kentucky, USA: Elsevier, 2014.

HUI, C. et al. Detection of Environmental Pollutant Cadmium in Water Using a Visual Bacterial Biosensor. **Scientific Reports**, v. 12, n. 1, p. 1-11, Apr. 2022.

INPE – Instituto Nacional de Pesquisas Espaciais. **Inpe esclarece sobre sistemas de monitoramento**. 17 jan. 2019. Disponível em: <http://www.obt.inpe.br/OBT/noticias-obt-inpe/inpe-esclarece-sobre-sistemas-de-monitoramento>. Acesso em: 27 set. 2023.

KUNO, R.; RQUETTI, M. H.; GOUVEIA, N. Conceitos e derivação de valores de referência para biomonitorização humana de contaminantes ambientais. **Revista Panamericana Salud Publica**, n. 27, n. 1, p. 74-79, 2010. Disponível em: <https://www.scielosp.org/pdf/rpsp/v27n1/11.pdf>. Acesso em: 10 dez. 2023.

LABAE UFG. **Webinar LaBAE**. Biomarcadores de estresse oxidativo e poluição aquática. 2020. Disponível em: <https://www.youtube.com/watch?v=AfLX6MEAP4w>. Acesso em: 20 set. 2023.

LEITE, J. A. Método estatístico para determinação de valores de referência de xenobióticos: caso do ácido hipúrico. 70 f. Dissertação (Mestrado em Estatística e Experimentação Agropecuária) – Universidade Federal de Lavras, Lavras, 2004. Disponível em: <http://repositorio.ufla.br/handle/1/36182>. Acesso em: 10 dez. 2023.

LI, A. J.; PAL, V. K.; KANNAN, K. A Review of Environmental Occurrence, Toxicity, Biotransformation and Biomonitoring of Volatile Organic Compounds. **Environmental Chemistry and Ecotoxicology**, v. 3, p. 91-116, 2021. Disponível em: <https://www.sciencedirect.com/science/article/pii/S2590182621000011>. Acesso em: 4 out. 2023.

LIMNOTEC. **Dragas e amostradores de invertebrados bentônicos**. Disponível em: <http://www.limnotec.com.br/itm/dragas-amostradores-de-invert.-bentonicos.html>. Acesso em: 20 set. 2023.

LOURENÇO, A. C. F. **Identificação na saliva de biomarcadores de suscetibilidade à cárie dentária**. 110 f. Dissertação (Mestrado em Medicina Dentária) – Universidade Católica Portuguesa, Viseu, 2015. Disponível em: <https://repositorio.ucp.pt/handle/10400.14/19548>. Acesso em: 10 dez. 2023.

MANAHAN, S. E. **Química ambiental**. Tradução de Félix Nonnenmacher. 9. ed. Porto Alegre: Bookman, 2013.

MARTINS, G. de A.; DOMINGUES, O. **Estatística geral e aplicada**. 6. ed. São Paulo: Atlas, 2017. E-book.

MARTINS, G. de A.; DONAIRE, D. **Princípios de estatística**. 4. ed. São Paulo: Atlas, 2012.

MASON, R. L.; GUNST, R. F.; HESS, J. L. **Statistical Design and Analysis of Experiments**: with Applications to Engineering and Science. New Jersey, USA: John Wiley & Sons, 2003.

MCCULLAGH, P.; NELDER, J. A. **Generalized Linear Models**. 2. ed. Florida, USA: Chapman and Hall; CRC, 2019.

MESQUITA, G. M. **Metodologias de preparo de amostras e quantificação de metais pesados em sedimentos do Ribeirão Samambaia, Catalão-GO, empregando espectrometria de absorção atômica**. 134 f. Dissertação (Mestrado em Química) – Universidade Federal de Goiás, Catalão, 2014. Disponível em: <http://repositorio.ufcat.edu.br/tede/handle/tede/4128>. Acesso em: 10 dez. 2023.

MEYER, S. T. O uso de cloro na desinfecção de águas, a formação de trihalometanos e os riscos potenciais à saúde pública. **Cadernos de Saúde Pública**, v. 10, n. 1, p. 99-110, jan./mar. 1994. Disponível em: <https://www.scielo.br/j/csp/a/pQy9fHxmbtW7Jx7BkxNjttp/?format=pdf&lang=pt>. Acesso em: 4 out. 2023.

MOLIN, J. P.; AMARAL, L. R. do; COLAÇO, A. F. **Agricultura de precisão**. São Paulo: Oficina de Textos, 2015.

MONTANARI, R. et al. Variabilidade espacial de atributos químicos em latossolo e argissolos. **Ciência Rural**, v. 38, n. 5, p. 1266-1272, ago. 2008. Disponível em: <https://www.scielo.br/j/cr/a/jRxDYZ9CzZJ7dQB5NCvJQMP/?format=pdf&lang=pt>. Acesso em: 4 out. 2023.

MONTGOMERY, D. C. **Design and Analysis of Experiments**. New Jersey, USA: John Wiley & Sons, 2017.

MONTGOMERY, D. C.; RUNGER, G. C. **Estatística aplicada e probabilidade para engenheiros**. Tradução de Verônica Calado. 7. ed. Rio de Janeiro: LTC, 2021.

MORAES, S. L. de. et al. Variáveis meteorológicas e poluição do ar e sua associação com internações respiratórias em crianças: estudo de caso em São Paulo, Brasil. **Cadernos de Saúde Pública**, v. 35, n. 7, 2019. Disponível em: <https://www.scielo.br/j/csp/a/MB6v7vJrdw7gzygqysJ6kMp/?format=pdf&lang=pt>. Acesso em: 4 out. 2023.

MORETTIN, P. A.; BUSSAB, W. de O. **Estatística básica**. 9. ed. São Paulo: Saraiva, 2017.

NIU, S. et al. Understanding Impacts of Organic Contaminants from Aquaculture on the Marine Environment Using a Chemical Fate Model. **Journal of Hazardous Materials**, v. 443, Feb. 2023.

OLIVEIRA, S. V. W. B.; LEONETI, A. B.; CEZARINO, L. O. (Org.). **Sustentabilidade**: princípios e estratégias. Barueri: Manole, 2019.

OLIVEIRA, V. S. **Geoprocessamento como ferramenta para o monitoramento ambiental de unidades de conservação**: o caso do Parque Estadual dos Pirineus e da APA dos Pirineus. 72 f. Monografia (Bacharelado em Engenharia Florestal) – Universidade Federal do Pampa, São Gabriel, 2018. Disponível em: <https://dspace.unipampa.edu.br/bitstream/riu/4566/1/Geoprocessamento como ferramenta para o monitoramento ambiental de unidades de conservação o caso do Parque Estadual dos Pirineus e da APA dos pirineus .pdf>. Acesso em: 10 dez. 2023.

OTHMAN, M. et al. Spatial–Temporal Variability and Health Impact of Particulate Matter During a 2019–2020 Biomass Burning Event in Southeast Asia. **Scientific Reports**, v. 12, n. 1, p. 1-11, 2022.

PORTO, M. de J. et al. Avaliação toxicológica: alterações em biomarcadores desencadeadas por exposição de trabalhadores rurais a agrotóxicos. **Research, Society and Development,** v. 10, n. 1, 2021.

QGIS, Development Team. QGIS Geographic Information System. **Open-Source Geospatial Foundation Project**, 2015.

QUEVAUVILLER, P. Quality Control in Speciation Studies for Environmental Monitoring. In: URE, A. M.; DAVIDSON, C. M. (Ed.). **Chemical Speciation in the Environment**. New Jersey, USA: Blackwell Science, 2002. p. 132-158.

R Core Team. R: A Language and Environment for Statistical Computing. **R Foundation for Statistical Computing**, 2021. Disponível em: <https://www.gbif.org/tool/81287/r-a-language-and-environment-for-statistical-computing>. Acesso em: 4 out. 2023.

REIMANN, C. et al. **Statistical Data Analysis Explained**: Applied Environmental Statistics with R. New Jersey, USA: John Wiley & Sons, 2011.

ROCHA, J. C.; ROSA, A. H.; CARDOSO, A. A. **Introdução à química ambiental**. 2. ed. Porto Alegre: Bookman, 2009.

SABINO, C. V. S.; LAGE, L. V.; ALMEIDA, K. C. B. Uso de métodos estatísticos robustos na análise ambiental. **Engenharia Sanitária e Ambiental**, v. 19, p. 87-94, 2014. Edição Especial. Disponível em: <https://www.scielo.br/j/esa/a/f7sd8xHhFFp686HBtHqvksf/?format=pdf&lang=pt>. Acesso em: 4 out. 2023.

SÁNCHEZ, L. E. **Avaliação de impacto ambiental**: conceitos e métodos. 3. ed. São Paulo: Oficina de textos, 2020.

SANTOS, A. S. P.; OHNUMA JR., A. A. (Org.). **Engenharia e meio ambiente**: aspectos conceituais e práticos. Rio de Janeiro: LTC, 2021.

SANTOS, G. B. M.; BOEHS, G. Chemical Elements in Sediments and in Bivalve Mollusks from Estuarine Regions in the South of Bahia State, Northeast Brazil. **Brazilian Journal of Biology**, v. 83, 2023.

SANTOS, M. A. dos. (Org.). **Poluição do meio ambiente**. Rio de Janeiro: LTC, 2017.

SÃO PAULO (Estado). Decreto n. 8.468, de 8 de setembro de 1976. **Diário Oficial do Estado**, Poder Executivo, São Paulo, SP, 9 set. 1976. Disponível em: <https://www.jusbrasil.com.br/legislacao/213741/decreto-8468-76>. Acesso em: 4 out. 2023.

SEABOLD, S.; PERKTOLD, J. Statsmodels: Econometric and Statistical Modeling with Python. In: WALT, S. van der; MILLMAN, J. (Ed.). **Proceedings of the 9th Python in Science Conference**, Austin, Texas, 2010. p. 92-94.

SILVA, A. C. de A. **Biomarcadores de contaminação ambiental**. 72. f. Dissertação (Mestrado em Ciências Farmacêuticas) – Universidade Fernando Pessoa, Porto, 2016. Disponível em: <https://bdigital.ufp.pt/bitstream/10284/5821/1/PPG_29729.pdf>. Acesso em: 10 dez. 2023.

SILVA, E. M. da et al. **Estatística**. 5. ed. São Paulo: Atlas, 2018. E-book.

SOUZA, N. A. **Vulnerabilidade à poluição das águas subterrâneas**: um estudo do Aquífero Bauru na zona urbana de Araguari, MG. 167 f. Dissertação (Mestrado em Engenharia Civil) – Universidade Federal de Uberlândia, Uberlândia, 2009. Disponível em: <https://repositorio.ufu.br/handle/123456789/14133>. Acesso em: 10 dez. 2023.

SPADOTTO, C. A. et al. Monitoramento do risco ambiental de agrotóxicos: princípios e recomendações. Jaguariúna: Embrapa Meio Ambiente, 2004. (Documentos, 42). Disponível em: <https://ainfo.cnptia.embrapa.br/digital/bitstream/CNPMA/5810/1/documentos_42.pdf>. Acesso em: 4 out. 2023.

TADANO, Y. de S.; UGAYA, C. M. L.; FRANCO, A. T. Método de regressão de Poisson: metodologia para avaliação do impacto da poluição atmosférica na saúde populacional. **Ambiente & Sociedade**, v. 12, n. 2, p. 241-255, jul./dez. 2009. Disponível em: <https://www.scielo.br/j/asoc/a/znrHQvBfVvBRRWyfMyg4Tmy/?format=pdf&lang=pt>. Acesso em: 4 out. 2023.

THURMAN, P. W. **Estatística**. São Paulo: Saraiva, 2012. (Série Fundamentos).

TÓTH, G. et al. Spatiotemporal Analysis of Multi-Pesticide Residues in the Largest Central European Shallow Lake, Lake Balaton, and its Sub-Catchment Area. **Environmental Sciences Europe**, v. 34, n. 1, p. 1-18, 2022.

TRIOLA, M. F. **Introdução à estatística**. 12. ed. Rio de Janeiro: LTC, 2017.

VALLAT, R. Pingouin: Statistics in Python. **Journal of Open Source Software**, v. 3, n. 31, Nov. 2018.

VIRGILLITO, S. B. **Estatística aplicada**. Sao Paulo: Saraiva, 2017.

VIRTANEN, P. et al. SciPy 1.0: Fundamental Algorithms for Scientific Computing in Python. **Nature Methods**, v. 17, n. 3, p. 261-272, Feb. 2020.

VOIGT, K.; WELZL, G.; BRÜGGEMANN, R. Data Analysis of Environmental Air Pollutant Monitoring Systems in Europe. **Environmetrics**, v. 15, n. 6, p. 577-596, Sep. 2004.

WAGNER, G. Basic Approaches and Methods for Quality Assurance and Quality Control in Sample Collection and Storage for Environmental Monitoring. **Science of the Total Environment**, v. 176, n. 1-3, p. 63-71, 1995.

WEYNE, G. R. de S. Determinação do tamanho da amostra em pesquisas experimentais na área de saúde. **Arquivos Médicos do ABC**, v. 29, n. 2, p. 87-90, jul./dez. 2004. Disponível em: <https://www.portalnepas.org.br/amabc/article/view/301/282>. Acesso em: 4 out. 2023.

WHO – World Health Organization. **Biological Monitoring of Chemical Exposure in the Workplace**: Guidelines. Disponível em: <https://iris.who.int/handle/10665/41856>. Acesso em: 4 out. 2023.

WONDER STATUS Comércio de Dispositivos Médicos e Investigação. **Garrafas tipo Niskin para colheita na vertical**. Disponível em: <https://www.wonderstatus.pt/produtos/oceanografia/garrafas-tipo-niskin-para-colheita-na-vertical-detail>. Acesso em: 20 set. 2023.

ZIZKA, V. M. A. et al. Long-Term Archival of Environmental Samples Empowers Biodiversity Monitoring and Ecological Research. **Environmental Sciences Europe**, v. 34, n. 1, p. 1-8, 2022.

BIBLIOGRAFIA COMENTADA

CALIJURI, M. do C.; CUNHA, D. G. F. (Coord.). **Engenharia ambiental**: conceitos, tecnologias e gestão. 2. ed. Rio de Janeiro: Elsevier, 2019.

> Essa obra apresenta, de forma muito abrangente, em 33 capítulos, os principais conceitos em relação à engenharia ambiental, relacionando, de forma aprofundada, engenharia e natureza. O livro aborda conceitos ambientais, como geologia, solos, comunidade microbiana, questões de gestão de saúde pública, contaminação, práticas de mitigação de impactos ambientais, mudanças climáticas e gestão ambiental nas empresas. Sem dúvida, é um livro completo, com esclarecimentos e informações para o engenheiro ambiental ou para outros profissionais que precisam entender sobre a relação entre engenharia e meio ambiente.

FILIZOLA, H. F.; GOMES, M. A. F.; SOUZA, M. D. (Ed.). **Manual de procedimentos de coleta de amostras em áreas agrícolas para análise da qualidade ambiental**: solo, água e sedimentos. Jaguariúna: Embrapa Meio Ambiente, 2006. Disponível em: <https://www.infoteca.cnptia.embrapa.br/handle/doc/15292>. Acesso em: 10 dez. 2023.

> Esse material, preparado pela equipe Embrapa Meio Ambiente, é resultado da necessidade de melhoria de procedimentos e métodos de amostragem do solo e da água. É manual básico de boas práticas de amostragem de água, solo e sedimentos. Inicialmente, são apresentadas generalidades sobre o processo de amostragem, para, em seguida, tratar, especificamente, de técnicas de amostragem do solo, da água e de sedimentos. Mesmo trazendo um enfoque para aplicações e problemáticas agrícolas, o conteúdo pode ser utilizado para diferentes problemáticas de monitoramento e amostragem ambiental.

GILBERT, R. O. **Statistical Methods for Environmental Pollution Monitoring**. New Jersey, USA: John Wiley & Sons, 1987.

> Essa obra, mesmo tendo sido publicada na década de 1980, ainda é uma grande referência de métodos estatísticos para estudos de monitoramento ambiental. O autor discute princípios de amostragem, testes estatísticos e estimativa de parâmetros para diversas problemáticas de monitoramento ambiental.

ROCHA, J. C.; ROSA, A. H.; CARDOSO, A. A. **Introdução à química ambiental**. 2. ed, Porto Alegre: Bookman, 2009.

> Essa é uma excelente obra que preenche as lacunas encontradas na química ambiental. Inicialmente, os autores abordam a parte amostral para se obter dados ambientais e posterior análise química. Em seguida, os capítulos apresentam informações diversas sobre os recursos naturais, como recursos hídricos, química da atmosfera e energia e ambiente. O livro traz uma série de informações de boas práticas laboratoriais, voltada para os parâmetros de qualidade recomendados e provenientes de legislação ambiental. O último capítulo traz aspectos legais na realidade brasileira.

SANTOS, A. S. P.; OHNUMA JR., A. A. (Org.). **Engenharia e meio ambiente**: aspectos conceituais e práticos. Rio de Janeiro: LTC, 2021.

> O objetivo dessa obra é contribuir para a formação socioambiental de estudantes de engenharia apresentando conceitos relacionados às avaliações de impactos socioambientais em obras de engenharia. O livro apresenta, de forma muito didática, em 14 capítulos, os diversos temas que compreendem a engenharia e o meio ambiente. Por exemplo, aborda a poluição e a qualidade da água, a gestão dos recursos hídricos, os efeitos da poluição atmosférica e quais os impactos dessa poluição em dimensões globais.

VIRGILLITO, S. B. **Estatística aplicada**. São Paulo: Saraiva, 2017.

> O livro de Virgillito apresenta os conceitos de estatística, já muito bem discutidos na literatura, de forma aplicada, com diversos exemplos de problemas corriqueiros de diversas áreas. Além disso, em vários trechos, o autor apresenta, de forma detalhada, como utilizar a ferramenta Statistica para tratamento dos dados. O livro tem uma seção com instruções para *download* e instalação do programa Statistica.

APÊNDICES

Apêndice A – Quadros com as principais características das diferentes distribuições de probabilidades

A seguir, apresentamos os Quadros A 1, A 2, A 3 e A 4, com as principais características da distribuição normal, distribuição lognormal, distribuição de Poisson e distribuição t de Student.

Quadro A 1 – Principais características da distribuição normal

Parâmetro	μ $\sigma > 0$
Notação	$N(\mu, \sigma)$
Domínio	$(-\infty, +\infty)$
Função densidade de probabilidades	$f(x) = \dfrac{1}{\sigma\sqrt{2\pi}} exp\left[-\dfrac{(x-\mu)^2}{2\sigma^2} \right]$
Função de distribuição acumulada	$F(x) = \dfrac{1}{\sigma\sqrt{2\pi}} \displaystyle\int_{-\infty}^{x} e^{-\frac{(x-\mu)^2}{2\sigma^2}}\, dt$
Variância	σ^2
Mediana	μ
Moda	μ
Coeficiente de assimetria	0

Quadro A 2 – Principais características da distribuição lognormal

Parâmetro	μ $\sigma > 0$
Notação	$\ln N(\mu, \sigma)$
Domínio	$[0, \infty)$
Função densidade de probabilidades	$f(x) = \dfrac{1}{x\sigma_y\sqrt{2\pi}} e^{-\frac{(lnx-\mu_y)^2}{2\sigma_y^2}}$
Função de distribuição acumulada	$F(x) = \dfrac{1}{\sigma\sqrt{2\pi}} \displaystyle\int_{-\infty}^{lnx} e^{-\frac{(t-\mu)^2}{2\sigma^2}}\, dt$

(continua)

(Quadro A 2 – conclusão)

Variância	$\left(e^{\sigma^2}-1\right)e^{2\mu+\sigma^2}$
Mediana	e^{μ}
Moda	$e^{\mu-\sigma^2}$
Coeficiente de assimetria	$\left(e^{\sigma^2}+2\right)\sqrt{e^{\sigma^2}-1}$

Quadro A 3 – Características da distribuição de Poisson

Parâmetro	$\lambda > 0$
Notação	Poisson (λ)
Domínio	$\{0,1,2,..\}$
Lei de distribuição	$P(x) = e^{-\lambda}\dfrac{\lambda^x}{x!}$
Função de distribuição acumulada	$F(x) = \begin{cases} 0 & \text{para } x<0 \\ \sum_{x=0}^{\lvert x\rvert} P(x) & \text{para } 0 \le x < n \\ 1 & \text{para } x \ge n \end{cases}$
Variância	λ
Mediana	Qualquer inteiro tal que $F(m-1) \le \dfrac{1}{2} \le F(m)^{12}$
Moda	$\begin{cases} \lambda-1 \text{ e } \lambda, \text{ se } \lambda \text{ é inteiro} \\ \lvert\lambda\rvert, \text{ se } \lambda \text{ não é inteiro} \end{cases}$
Coeficiente de assimetria	$\dfrac{1}{\sqrt{\lambda}}$

Quadro A 4 – Principais características da distribuição t de Student com o parâmetro analisado v graus de liberdade

Parâmetro	$v > 0$ graus de liberdade
Notação	t
Domínio	$(-\infty, +\infty)$
Função densidade de probabilidades	$f(t) = \dfrac{\Gamma\left(\dfrac{v+1}{2}\right)}{\sqrt{v\pi}\,\Gamma\left(\dfrac{v}{2}\right)}\left(1+\dfrac{t^2}{v}\right)^{-\left(\dfrac{v+1}{2}\right)}$ Em que Γ é uma função gama

(continua)

Função de distribuição acumulada	$F(t) = \dfrac{1}{2} + x\Gamma\left(\dfrac{v+1}{2}\right)\dfrac{2F_1\left(\dfrac{1}{2}, \dfrac{v+1}{2}, \dfrac{3}{2}, -\dfrac{x^2}{v}\right)}{\sqrt{\pi v}\,\Gamma\left(\dfrac{v}{2}\right)}$
Variância	$\dfrac{v}{v-2}$, se $v > 2$ ∞, se $1 < v \leq 2$ Indefinida, se $0 < v \leq 1$
Mediana	0
Moda	0
Coeficiente de assimetria	0

Respostas

CAPÍTULO 1

Questões para revisão

1) As rotas de poluição do agrotóxico utilizado podem ocorrer por meio da propagação do ar, conforme correntes de ar e de ventos; por meio da poluição do solo, pela difusão do agrotóxico no solo e pela distribuição devido a precipitações e irrigações do solo, podendo chegar até as águas subterrâneas e águas superficiais.

2) A poluição gerada por uma indústria dependerá muito da sua atividade, porém, de maneira geral, pode ocorrer a poluição do ar atmosférico da região e haver a contaminação de corpos d'água próximos, no caso de lançamento indevido de resíduos e de efluentes industriais. Sendo assim, o monitoramento do ar na região deve ser feito observando se existem pontos que mais emitem poluentes gasosos, como chaminés, e as correntes de ar com base nesses pontos. Além disso, devemos analisar todos os corpos d'água existentes próximos à indústria e fazer coletas da água superficial.

3) b

4) c

5) c

Questão para reflexão

1) A resposta deve considerar, na discussão, diferentes fatores, como as diversas legislações, a cultura de gestão ambiental, o histórico do local e os recursos disponíveis.

CAPÍTULO 2

Questões para revisão

1) A amostragem deverá ocorrer várias vezes ao dia, pois o dióxido de nitrogênio permanece na atmosfera por um dia. Além disso, o espaçamento entre as amostragens deve ser diferente de sete, para que diferentes dias da semana sejam avaliados, afinal, o movimento de automóveis varia conforme os dias da semana.

2) A poluição atmosférica pode ser proveniente de fontes pontuais e fontes móveis de poluição. Sendo assim, devemos instalar pontos de coleta de amostras próximos a rodovias e estradas com fluxo intenso de automóveis, para obtermos dados da poluição de fontes móveis. Além disso, devemos instalar pontos de coleta de amostras próximos a regiões industriais, a fim de obter dados de poluição provenientes de fontes fixas.

3) a

4) e

5) c

Questões para reflexão

1) Para a resposta, devem ser considerados tanto fatores relacionados à indústria, como a disposição da construção, quanto fatores externos à indústria, como eventos climáticos e vizinhança.

2) A amostragem aleatória simples é um procedimento imparcial e que não resulta em uma análise enviesada, porém pode requerer um grande número de amostras. Com a amostragem estratificada, garantimos que todos os períodos durante a semana sejam amostrados. Com a amostragem sistemática, podemos otimizar o processo de amostragem, porém o resultado pode contar com uma análise enviesada.

CAPÍTULO 3

Questões para revisão

1) Utilizando as equações: $\bar{x} = \dfrac{1}{n}\sum_{i=1}^{n} x_i$ e $s(\bar{x}) = s\sqrt{\dfrac{1-f}{n}}$, obtemos que $\bar{x} = = 123$, ppm/dia e $s(\bar{x}) = 5{,}98$.

2) A população de 100 pessoas contaminadas foi separada em três estratos: um de homens, um de mulheres e um de crianças, devido às semelhanças prováveis nas concentrações de contaminantes. Em média, os homens comem mais e, por isso, podem apresentar concentrações maiores de contaminantes. Como as crianças costumam comer menos, provavelmente apresentarão menores concentrações do contaminante. O peso relativo ao estrato de homens será 55/100 = 0,55; o peso relativo ao estrato de mulheres será 30/100 = 0,3; e o peso relativo ao estrato de crianças será 15/100 = 0,15.

3) a

4) d

5) b

Questão para reflexão

1) A resposta precisa abordar estratégias que devem ser adotadas tanto na fase de planejamento do plano de amostragem quanto na fase de análise laboratorial.

CAPÍTULO 4

Questões para revisão

1) Para uma variável discreta, a distribuição de probabilidade será especificada por meio de uma função de probabilidade (f.p.) ou função massa de probabilidade (f.m.p.). A distribuição de probabilidade de uma variável contínua será representada por meio de uma função densidade de probabilidade (f.d.p.). Distribuição de Poisson é um exemplo de distribuição de probabilidade de variáveis discretas. Distribuição normal é um exemplo de distribuição de probabilidade de variáveis contínuas.

2) A regressão linear simples envolve a influência de apenas uma variável na variável de interesse, enquanto a regressão linear múltipla aplica-se à variável de interesse e depende de várias variáveis independentes.

3) a

4) d

5) a

Questão para reflexão

1) São exemplos de situações de monitoramento ambiental em que pode ser aplicada a análise de regressão linear múltipla casos em que a variável resposta está relacionada com mais de uma variável explicativa.

CAPÍTULO 5

Questões para revisão

1) A presença de erros durante as análises gerará dados de baixa qualidade. Se dados de baixa qualidade e com diversos erros são analisados, conclusões equivocadas podem ocorrer. No caso de dados de baixa qualidade para o monitoramento da qualidade do ar, podemos considerar índices de poluição menores do que a realidade, colocando em risco a saúde humana local.

2) Um dos principais erros no planejamento da amostragem de poluentes atmosféricos é com relação à escolha do local de coleta ao deixar de considerar as correntes de ar na região, colocando os pontos de coleta em sentido oposto ao da propagação dos poluentes na atmosfera. Outro erro é o de não considerar as condições meteorológicas antes da amostragem. Além disso, no caso do monitoramento ambiental de poluentes industriais, um erro que deve ser evitado é o de não considerar a rotina das atividades industriais para determinar o tempo e o espaçamento entre as coletas de amostras.

3) b

4) b

5) a

Questão para reflexão

1) A resposta deve conter boas práticas laboratoriais para garantir a qualidade e a confiabilidade dos resultados.

CAPÍTULO 6

Questões para revisão

1) Os biomarcadores apresentados no estudo de caso são biomarcadores de exposição e de efeito, os quais apresentaram tanto respostas relacionadas à exposição dos biomarcadores a agrotóxicos e poluentes industriais quanto mostraram quais eram os efeitos desses compostos em determinados organismos.

2) No caso da amostragem de um biomarcador com um tempo de vida de dez dias, é preciso avaliar o espaçamento temporal adequado, considerando o objetivo do monitoramento e as características do meio amostrado e do poluente de interesse.

3) b

4) a

5) d

Questão para reflexão

1) A resposta deve contemplar a atuação do biomarcador na verificação e na checagem em processos de controle de riscos ambientais.

Sobre a autora

Maíra Oliveira Palm é doutora em Engenharia Ambiental e mestre em Engenharia e Ciências Mecânicas, ambos os títulos obtidos pela Universidade Federal de Santa Catarina (UFSC), e graduada em Engenheira Química pela Universidade da Região de Joinville (Univille). Tem experiência com produção de biocombustíveis, como o biodiesel, e com o desenvolvimento de indicadores de sustentabilidade para avaliar as rotas de produção desses biocombustíveis. Atualmente, é pesquisadora no grupo de pesquisa do Laboratório de Combustão e Catálise Aplicadas da UFSC e professora nos cursos de Engenharia da Univille.

Impressão:
Fevereiro/2024